轻松学 Python 编程

宋翔 / 编著

清华大学出版社

北京

内容简介

本书详细介绍 Python 编程中的核心知识和技术,并列举了大量的编程示例。全书共 12 章,内容主要包括编写和运行 Python 代码的方法、Python 代码的组成结构、Python 编程的核心概念、数字的输入方法和运算方式、输入和处理字符串、转义字符、创建与处理列表和元组、打包和解包元组、创建与处理字典和集合、使用 if 语句检测条件、使用 match 语句检测多个值、使用 for 语句迭代数据、使用 while 语句重复执行代码、创建与使用函数和匿名函数、定义不同类型的参数、处理不同作用域中的变量、创建与使用类和子类、创建和导入模块、处理不同类型的文件、使用 Tkinter 工具开发 GUI 程序、处理 Python 程序错误等。本书还包含 Python 常用术语、Python 常用函数和 Python 常用语句 3 个附录。本书附赠示例源代码、重点内容的多媒体视频教程和教学课件。本书结构系统,内容细致,概念清晰,注重技术细节的讲解,使读者可以在较短的时间内学会 Python 编程。

本书适合所有希望学习和从事 Python 编程或对 Python 编程感兴趣的用户,还可作为各类院校和培训班的 Python 编程教材。

图书在版编目(CIP)数据

轻松学Python编程 / 宋翔编著. -- 北京 : 清华大
学出版社, 2025. 1. -- ISBN 978-7-302-68145-8

Ⅰ. TP312.8

中国国家版本馆CIP数据核字第202580DC34号

责任编辑:张　敏
封面设计:郭二鹏
责任校对:胡伟民
责任印制:刘海龙

出版发行:清华大学出版社
网　　　　　址:https://www.tup.com.cn,https://www.wqxuetang.com
地　　　　　址:北京清华大学学研大厦A座　　　邮　　编:100084
社　总　机:010-83470000　　　　　　　　　　邮　　购:010-62786544
投稿与读者服务:010-62776969,c-service@tup.tsinghua.edu.cn
质　量　反　馈:010-62772015,zhiliang@tup.tsinghua.edu.cn
课　件　下　载:https://www.tup.com.cn,010-83470236
印 装 者:小森印刷霸州有限公司
经　销:全国新华书店
开　本:185mm×260mm　　　印　张:13.5　　　字　数:345千字
版　次:2025年3月第1版　　　印　次:2025年3月第1次印刷
定　价:69.80元

产品编号:077571-01

学习一门编程语言就像与一个人交往，从最初的完全陌生，到慢慢了解对方的脾气秉性，再到成为无话不谈的知心朋友，长年累月的友谊来之不易。学习编程语言时，从对语言完全陌生，到慢慢掌握语法知识，再到可以熟练编写代码，持之以恒的学习才能有所收获。

编写本书的目的是帮助读者快速掌握 Python 编程的核心知识和技术，并为以后深入学习 Python 编程打下良好的基础。为了降低学习难度，并在较短的时间内学会 Python 编程，对本书的整体结构和内容安排进行了精心规划。全书共 12 章和 3 个附录，各章内容的简要介绍如下表所示。

章　名	简　介
第 1 章　Python 编程环境和核心概念	介绍 Python 的一些背景信息、编写和运行 Python 代码的方法、Python 代码的组成结构和 Python 编程的核心概念
第 2 章　数字	介绍 Python 中的常用数字类型的特点、输入方法和多种运算方式
第 3 章　字符串	介绍在 Python 中处理字符串的方法
第 4 章　列表和元组	介绍在 Python 中处理列表和元组的方法
第 5 章　字典和集合	介绍在 Python 中处理字典和集合的方法
第 6 章　程序流程控制	介绍控制 Python 程序运行流程的方法，包括条件检测和循环迭代
第 7 章　函数	介绍在 Python 中创建和使用函数的方法，并对函数中的参数和变量作用域进行详细说明
第 8 章　类	介绍在 Python 中创建和使用类所需掌握的概念和相关技术
第 9 章　模块	介绍模块的概念和导入模块前的准备工作，包括创建模块、添加模块搜索路径等，并介绍导入和重载模块的多种方法
第 10 章　文件	介绍文件和路径的基础知识，以及在 Python 中编程处理文本文件、二进制文件、CSV 文件、Word 文档和 Excel 工作簿的方法

章　　名	简　　介
第 11 章　图形用户界面	介绍在 Python 中使用 Tkinter 工具开发 GUI 程序所需了解的重要概念和基本方法
第 12 章　处理程序错误	介绍在 Python 中处理程序错误的方法
附录 A　Python 常用术语	列出在 Python 中常用术语的中英文对照
附录 B　Python 常用函数	列出在 Python 中常用函数的功能和语法
附录 C　Python 常用语句	列出在 Python 中常用语句的功能和结构

本书特点：

1. 结构紧密，概念清晰

全书结构非常紧密，为了节省篇幅，舍弃了一些相对而言难度大或不常用的技术。对知识的讲解力求做到概念清晰，不含糊其词。

2. 技术细节讲解详细

每章内容从多个角度详细讲解和剖析技术细节。

3. 代码说明详细

在很多示例中提供了"代码解析"栏目，用于对代码的工作原理和各行代码的功能进行详细说明，便于快速理解代码的含义，并能编写出相同或相似的代码。

4. 注解详细

"提示"和"注意"在全书随处可见，可及时解决读者在学习过程中遇到的问题，或对当前内容进行适当的延伸。

本书示例中的代码如果以 >>> 符号开头，表示这些代码是在 Python 自带的 IDLE 交互模式中或与之类似的系统命令行窗口中输入的。如果下一行开头没有 >>> 符号，表示是代码的运行结果。如果连续多行代码的开头都没有 >>> 符号，表示这些代码是在 IDLE 脚本模式或与之等同的文本编辑器中输入的。此处对代码编写环境的说明会在第 1 章详细介绍。

本书适合具有以下需求的人士阅读：

- 想要用较短的时间学会 Python 编程。
- 想要梳理 Python 中的重要概念。
- 想要掌握处理各种数据类型的方法，并了解它们之间的区别和共性。
- 想要使用 Python 创建与使用函数和类。
- 想要学会 Python 模块的使用方法。
- 想要使用 Python 编程处理不同类型的文件。
- 想要快速掌握 Python GUI 编程的核心概念和基本方法。
- 想要掌握处理 Python 程序错误的方法。

- 对 Python 编程感兴趣。
- 在校学生和社会求职者。

本书附赠以下资源：

- 示例源代码。
- 重点内容的多媒体视频教程。
- 教学课件。

读者可以扫描下方的二维码下载本书的配套资源。

示例源代码

视频教程

教学课件

作者
2024 年 10 月

CONTENTS

目录

第1章 Python 编程环境和核心概念

本章主要介绍 Python 的一些背景信息和 Python 编程的核心概念，了解并掌握这些内容将为后续章节打下坚实的基础。

1.1 Python 简介

通常将 Python 定义为一种面向对象的脚本语言。然而，凭借 Python 对函数、模块、类等程序结构的支持，并能组织和编写大规模的程序，经常作为"脚本"身份出现的 Python 也会转换为"程序"角色。本节将简要介绍 Python 的一些背景信息。

1.1.1 使用 Python 能做什么

Python 是目前发展最快的编程语言之一，这主要归功于其广泛的应用领域，下面列举一些 Python 常见的应用领域。

1. 系统编程

系统编程是使用 Python 编写用于维护操作系统日常管理任务的工具，凭借 Python 自身提供的操作系统服务接口，可以轻松完成此类工作。Python 标准库提供了对操作系统中的环境变量、命令行参数、管道、套接字、进程、多线程、文件名扩展等的编程支持，因此，系统编程是 Python 最擅长的工作之一。

提示：标准库是 Python 提供的一系列编程工具，由大量的模块组成。在 Windows 操作系统中安装 Python 时，会自动安装标准库中的所有模块。

2. 数据库编程

Python 提供了对所有主流关系数据库系统的接口，通过定义用于存取 SQL 数据库系统的可移植 API，为各类底层应用的数据库系统提供了统一的编程方式。不过，有些关系数据库系统需要安装第三方模块之后才能使用 Python 编程控制，例如，需要安装 pymssql 模块才能编程控制微软的 SQL Server 数据库。

3. 网络编程

Python 标准库提供了适合多种网络编程任务的模块，能够完成从服务器端到客户端的不同应用需求，包括打开网页并获取其中的数据、创建和解析 XML 文件、编写和发送电子邮件、使用套接字进行通信、使用 FTP 传输文件等。此外，很多第三方的模块和工具为使用 Python 进行网络编程和开发网站提供了很多方便。

4. 创建图形用户界面

Python 标准库中的 tkinter 模块专门用于创建图形用户界面，并在不同的计算机平台之间具有良好的可移植性，这些平台包括 Windows、Linux、UNIX 和 macOS 等。还可以使用很多第三方工具在 Python 中开发 GUI（图形用户界面）程序并处理图像，例如，使用 PIL 图像库可以处理几十种图片文件类型。

5. 游戏、数据分析、人工智能

使用第三方工具 Pygame，可以在 Python 中开发游戏。使用 NumPy、Pandas、Matplotlib 等第三方工具，可以在 Python 中对数据执行专业计算和可视化分析。使用第三方工具 PyTouch，可以在 Python 中进行人工智能方面的研究。

1.1.2 Python 的优点

与其他编程语言相比，Python 有很多优点。

1. 易学易用

这可能是想要学习和使用 Python 的用户最关心的问题。与 C、C++ 和 Java 等编程语言相比，Python 比较容易学习和掌握。想要精通任何一门编程语言，都需要长时间的学习和经验积累，不过对于想要快速入门并开始上手编程来说，Python 是适合学习的编程语言。

编写好的 Python 程序无须编译和链接即可直接运行，节省很多烦琐的中间环节。这种交互式的编程体验，为程序开发人员提供了一种可以快速编写、测试和修改代码的便捷环境。

2. 功能丰富

Python 标准库提供了大量的模块和工具，很多第三方工具也为 Python 提供了很多扩展功能，程序开发人员可以使用它们轻松完成各类编程任务。Python 是一种面向对象的编程语言，可以使用对象和类来组织程序中的数据和功能。

3. 快速开发

完成同一个编程任务时，使用 Python 编写的代码量通常只有 C++ 或 Java 代码的三分之一或更少。Python 是动态语言，编写 Python 代码时无须声明变量及其数据类型，变量的类型会根据其所引用的数据的类型自动调整。Python 的这两项优势可以缩短开发周期，节省大量的时间。

4. 软件质量

Python 编程语言在语法方面的特性，使 Python 非常注重代码的可读性、一致性和软件质量，从而使 Python 比其他编程语言具有更好的可重用性和可维护性。

5. 组件集成

Python 可以与其他很多编程语言及其组件集成和协作，这项优势使 Python 成为产品定制和扩展的工具。例如，Python 代码可以调用 C 和 C++ 的库，C 和 C++ 的程序也可以调用 Python 代码，Python 代码可以与 Java 组件集成，还可以与 COM 和 .NET 等框架进行通信。

6. 可移植性

使用 Python 编写的大多数程序无须修改，即可在不同的计算机平台上运行。例如，如需在 Windows 和 Linux 之间移植 Python 程序，只需直接复制 Python 程序文件即可。

1.1.3　Python 代码在计算机内部的运行方式

在 Python 中将编写好的代码存储在扩展名为 .py 的文件中，这是 Python 的标准文件。运行 Python 程序时，在 Python 内部将 .py 文件中的代码编译成 Python 特有的"字节码"，字节码可以加快程序的运行速度且与平台无关。Python 会将转换后的字节码保存在扩展名为 .pyc 的文件中，该文件位于一个新建的文件夹中，该文件夹与正在运行 Python 代码所在的 .py 文件位于同一个文件夹。

如果 Python 在当前文件夹中没有写入权限，则无法创建包含字节码的 .pyc 文件，此时 Python 会在内存中临时创建字节码，以确保 Python 程序能够正常运行，程序运行结束后会从内存中删除字节码。

创建字节码后，Python 会将其发送到 Python 虚拟机（Python Virtual Machine）中并运行字节码指令。Python 虚拟机是在安装 Python 时内置在其中的功能。无论是转换为字节码，还是在 Python 虚拟机中运行字节码，都由 Python 自动完成，无须人工干预。

1.2　编写和运行 Python 代码

Python 是一种解释型语言，在 Python 中编写的代码运行在被称为"解释器"的软件中，解释器是一种可以运行其他程序的程序。使用从 Python 官方网站中下载的 Python 安装程序并在计算机中安装的就是 Python 解释器，以及支持的库和相关组件。本节将介绍用户如何在计算机中编写和运行 Python 代码，但是不会涉及 Python 代码的语法细节，这些内容将在本书后续章节详细介绍。

1.2.1　在计算机中安装 Python

在浏览器中访问 Python 官方网站（https://www.python.org），然后在 Download 类别

中下载 Python 安装程序。根据操作系统的类型（Windows、Linux/UNIX 或 macOS）和架构（32 位和 64 位）及 Python 版本，选择相应的 Python 安装程序进行下载。下载完成后，双击 Python 安装程序，在当前操作系统中安装 Python。

安装 Python 和安装其他软件类似，有默认安装或用户自定义安装两种方式，下面介绍它们的操作方法。

1. 以默认方式安装 Python

双击下载好的 Python 安装程序，打开图 1-1 所示的对话框。选择 Install Now 选项，将以默认方式安装 Python，在该选项的下方显示安装 Python 的完整路径和默认安装的组件，包括 IDLE、pip、Python 文档、快捷方式和文件关联等。

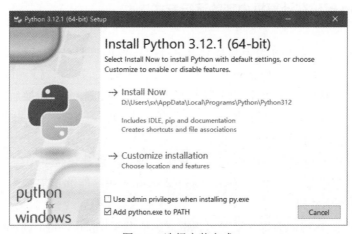

图 1-1　选择安装方式

提示：如果选中 Add python.exe to PATH 复选框，则以后每次在系统命令行窗口中使用 Python 时，可以直接输入"python"而无须输入完整路径。如果未选中该复选框，则以后可以在操作系统中通过手动设置环境变量实现该选项的功能，具体方法请参考 1.2.4 小节。

2. 自定义安装 Python

如果想要自己指定 Python 的安装路径和安装的组件，则需要在图 1-1 中选择 Customize installation 选项，将进入图 1-2 所示的界面，在此处选择想要安装的组件。

- Documentation：安装 Python 官方文档和日志文件。
- pip：安装 pip，以后可以使用该工具自动下载并安装第三方工具，从而扩展 Python 的功能。
- td/tk and IDLE：安装 tkinter 模块和 IDLE。使用 tkinter 模块可以在 Python 中创建图形用户界面。IDLE 是 Python 自带的集成开发环境，使用它可以编写、运行和调试 Python 代码。
- Python test suite：安装 Python 标准库中的测试套件，使用它可以测试 Python 代码。
- py launcher：安装 Python 启动器，以后输入 py 即可启动 Python。在计算机中安装多个 Python 版本时，使用 Python 启动器可以自动运行 Python 的最新版本。如需运行特定的版本，可以输入 py 和版本号，如"py -3.12"。

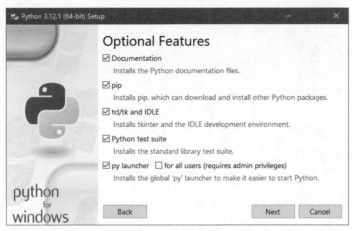

图 1-2　选择安装哪些组件

选择好要安装的组件后，单击 Next 按钮，进入图 1-3 所示的界面，在此处选择安装 Python 时的附加选项，这些选项不会影响 Python 的安装，但是会影响使用 Python 时的体验。图 1-3 中选中的 3 个选项的含义如下：

- 关联 Python 文件，只有安装 Python 启动器才能使用该选项。
- 创建 Python 快捷方式。
- 将 Python 添加到环境变量中。

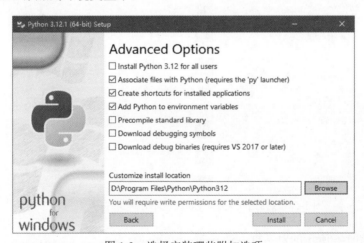

图 1-3　选择安装哪些附加选项

如需更改 Python 的安装位置，可以单击 Browse 按钮，然后选择所需的位置。完成所有设置后，单击 Install 按钮，开始安装 Python。稍后将显示图 1-4 所示的界面，说明已经成功安装 Python，单击 Close 按钮，关闭该对话框。

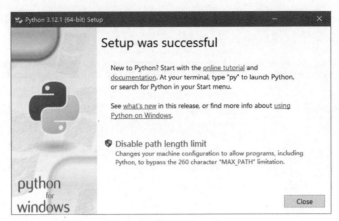

图 1-4　成功安装 Python

如果在安装 Python 后发现某些功能无法使用，说明没有安装相应的功能，此时无须卸载并重新安装 Python，可以直接在现有的安装中添加新的安装选项。此处以 Windows 10 操作系统为例，操作步骤如下：

（1）右击任务栏中的"开始"按钮，在弹出的快捷菜单中选择"应用和功能"命令。

（2）在打开的窗口中选择已安装的 Python，然后单击"修改"按钮，如图 1-5 所示。

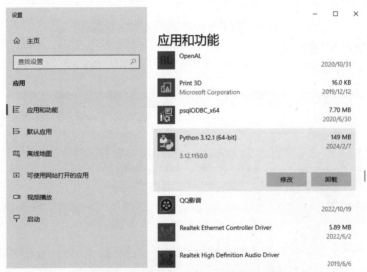

图 1-5　选择已安装的 Python 程序并单击"修改"按钮

（3）打开图 1-6 所示的对话框，选择 Modify 选项。

（4）接下来进入的两个界面与图 1-2 和图 1-3 类似，在这两个界面中可以选择要添加的组件。在这两个界面中完成所需的设置后，单击 Install 按钮，将完成组件的添加或删除操作。

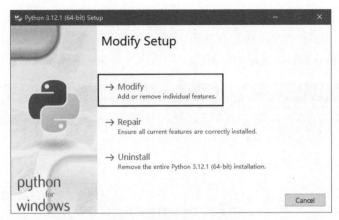

图 1-6　选择 Modify 选项

1.2.2　交互模式和脚本模式

IDLE 是使用 Python 创建的集成开发环境（Integrated Development Environment，
IDE）。IDLE 提供了两种窗口类型——命令行窗口和编辑器窗口。在 IDLE 的命令行窗口
中输入的代码是在交互模式中工作的。在交互模式中，每次输入一行代码并按 Enter 键，
Python 解释器会立即运行该代码并显示结果。如果输入的是多行语句（在 Python 中称为
复合语句），则需要在一次性输完这些语句后再执行它们。

输入 Python 代码的另一种方式是使用 IDLE 的编辑器窗口。用户可以创建一个或多个
编辑器窗口并在其中编写代码，然后将每个编辑器窗口中的代码保存为相互独立的 .py 文
件，便于以后继续编写或运行文件中的代码。使用编辑器窗口输入的代码是在脚本模式中
工作的，在该模式中可以输入一行或多行代码，输入的每行代码不会立即运行。运行文件
中的代码时，会自动将文件中的所有代码作为一个整体一次性运行。

无论使用交互模式还是脚本模式，都需要在"开始"菜单中展开 Python 文件夹，然
后选择以 IDLE 开头的命令，如图 1-7 所示。

图 1-7　启动 IDLE

启动 IDLE 后，Python 解释器将运行在交互模式的命令行窗口中。在窗口的顶部显示 Python 的版本和版权信息，这些信息的下方显示 3 个大于号（>>>）和一条闪烁的竖线，等待用户输入 Python 代码，如图 1-8 所示。

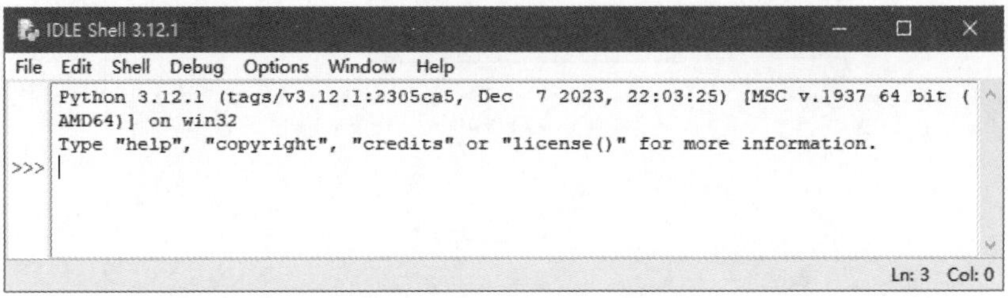

图 1-8　IDLE 的命令行窗口

3 个大于号是 IDLE 命令行窗口中的主提示符，在主提示符的右侧输入一条语句并按 Enter 键，将立即执行该语句并显示结果。图 1-9 所示的"6"是输入"1+5"后的计算结果。

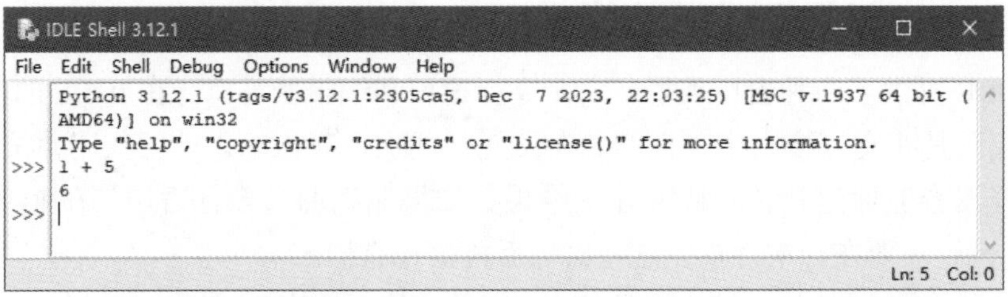

图 1-9　输入代码后立即显示运行结果

输入多行语句时，首行语句的开头显示主提示符，其他行语句的开头显示次要提示符，次要提示符以 3 个圆点（…）表示，如图 1-10 所示。

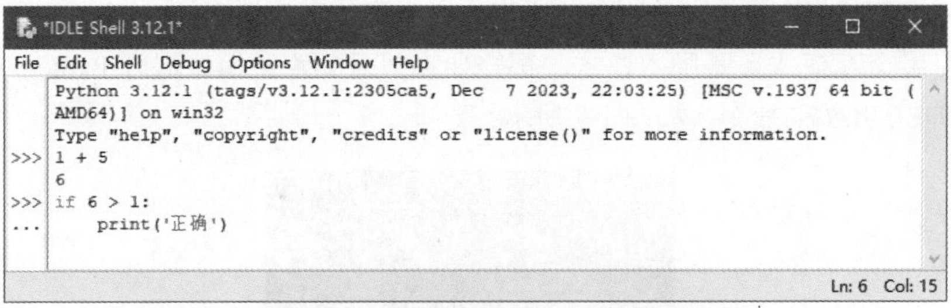

图 1-10　输入复合语句时显示主要提示符和次要提示符

如需在脚本模式中编写 Python 代码，可以在 IDLE 的命令行窗口顶部的菜单栏中选择 File → New File 命令，如图 1-11 所示。将打开一个空白窗口，其外观与 Windows 记事本程序类似，可以在该窗口中输入一行或多行代码，并将其保存为以 .py 为扩展名的文件，以后可以反复查看、编辑或运行该文件中的代码。

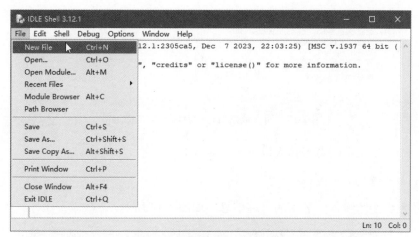

图 1-11　选择 New File 命令

1.2.3　在 IDLE 中编写和运行 Python 代码

可以在 IDLE 的命令行窗口或编辑器窗口中编写和运行 Python 代码。下面编写一个显示简单信息的 Python 程序，运行该程序时，用户需要输入一个名字，然后会显示包含该名字的欢迎信息。

1. 在 IDLE 命令行窗口中编写代码

启动 IDLE，在第一个主提示符的右侧输入以下代码：

```
>>> name = input('请输入你的姓名：')
```

input 是一个 Python 内置函数，该函数接收用户输入的数据，并将数据存储到名为 name 的变量中。

提示：现在不需要为不能理解代码的含义而担心，因为此处只是为了说明如何在 IDLE 中输入代码，代码的语法细节将在后续章节详细介绍。

按 Enter 键，将显示图 1-12 所示的提示信息，它是上一行代码中位于圆括号中的文字。

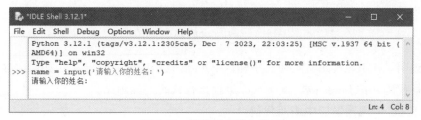

图 1-12　等待用户输入数据

输入一个名字，然后按 Enter 键，不会显示任何结果，只是在下一行新增一个主提示符，如图 1-13 所示。

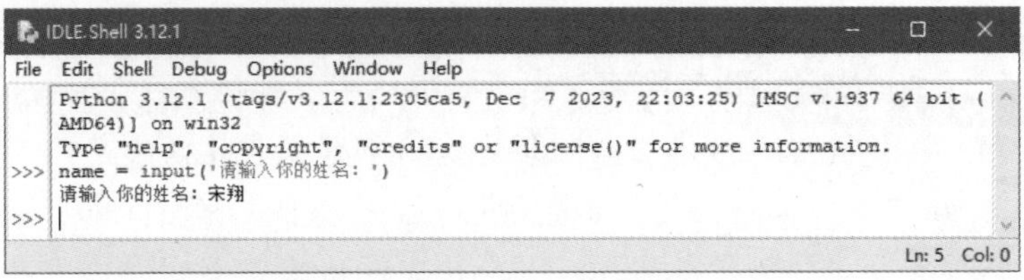

图 1-13　输入数据后自动新增一个主提示符

在第二个主提示符的右侧输入以下代码并按 Enter 键：

```
>>> print('欢迎你，' + name)
```

将显示包含刚才输入的名字的欢迎信息，如图 1-14 所示。

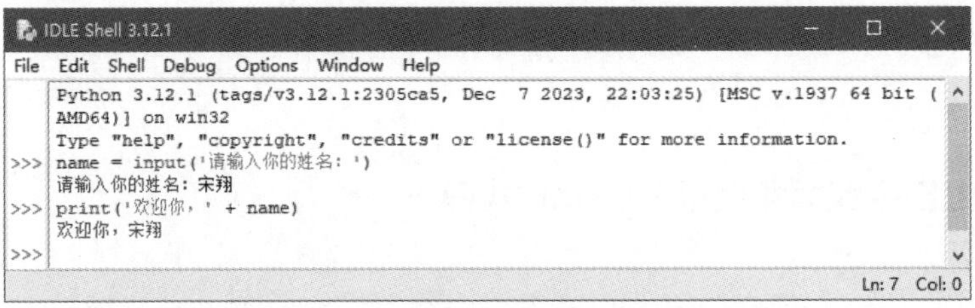

图 1-14　显示带有指定名字的欢迎信息

提示：与 input 类似，print 也是一个 Python 内置函数，用于在命令行窗口中输出指定的信息。由于 IDLE 的交互模式会自动显示代码的运行结果，所以，在该模式中输入代码时，即使不显式使用 print 函数，也会在窗口中输出信息。本例直接输入"'欢迎你，' + name"也会显示欢迎信息，如图 1-15 所示。细心的读者可能已经注意到，不使用 print 函数时，在代码的运行结果中包含一对单引号，第 3 章会说明导致这种情况的原因。

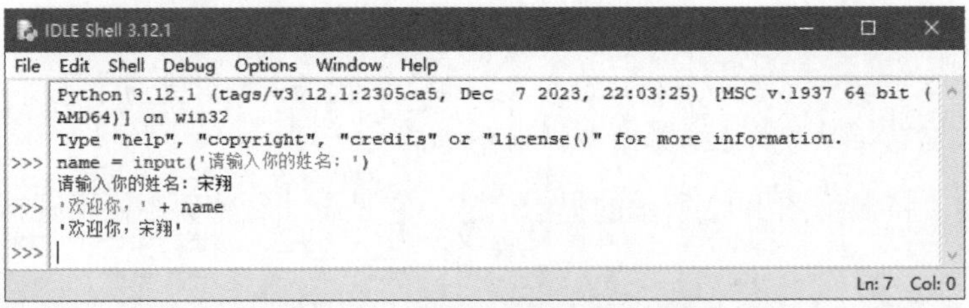

图 1-15　不使用 print 时的运行结果

前面说明了在 IDLE 的交互模式中输入 Python 代码的基本方法。正如前面介绍的，每次输入一行代码并按 Enter 键，就会立即运行该行代码并显示结果。

2. 在 IDLE 编辑器窗口中编写代码

在 IDLE 的编辑器窗口中可以不受影响地输入多行代码，输入好所有代码后再一次性运行这些代码。下面在编辑器窗口中输入前面示例中的代码。首先新建一个编辑器窗口，然后在该窗口中输入前面示例中的两行代码，如下所示：

```
name = input('请输入你的姓名：')
print('欢迎你，' + name)
```

在编辑器窗口的菜单栏中选择 File → Save 命令，在弹出的对话框中设置文件的名称和保存位置，单击"保存"按钮，将编辑器窗口中的代码以文件的形式保存到计算机中。在编辑器窗口顶部的标题栏中将显示该文件的名称和路径，如图 1-16 所示。

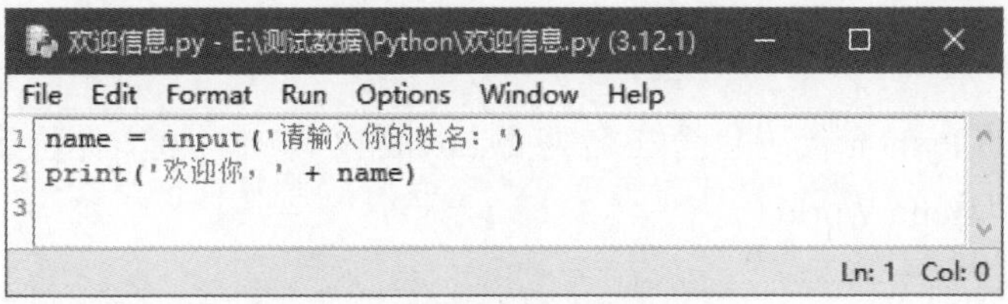

图 1-16　在编辑器窗口中输入代码

保存代码后，只需在编辑器窗口中选择 Run → Run Module 命令，或者按 F5 键，即可运行该窗口中的所有代码，并在 IDLE 的命令行窗口中显示运行结果，如图 1-17 所示。

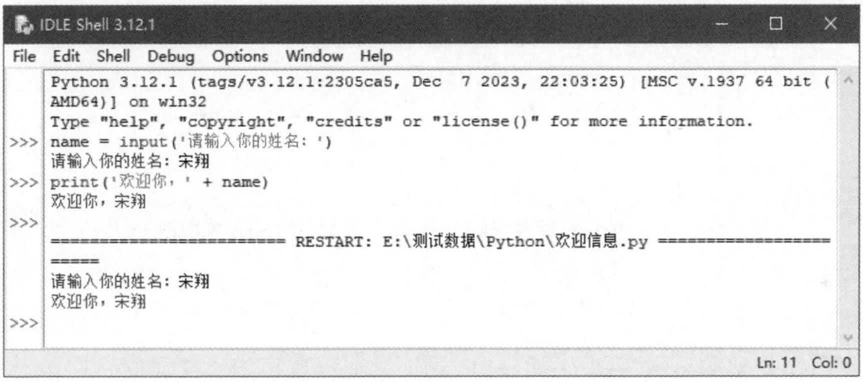

图 1-17　运行编辑器窗口中的代码并在命令行窗口中显示结果

提示：如需修改 .py 文件中的 Python 代码，可以在 IDLE 的命令行窗口或编辑器窗口顶部的菜单栏中选择 File → Open 命令，然后双击包含代码的 .py 文件。

1.2.4　在系统命令行窗口中运行 Python 代码

前面介绍的在 IDLE 的交互模式中输入 Python 代码的方法，也同样适用于系统命令行窗口。系统命令行窗口在 Windows 操作系统中被称为"命令提示符"，在"开始"菜单中可以找到该命令。

在系统命令行窗口中输入 Python 代码也是交互式的，每输入一行代码并按 Enter 键，将立即运行该代码并显示结果。只不过在系统命令行窗口中输入代码不如 IDLE 方便，因为无法享受 IDLE 提供的很多特性，如语法高亮、智能缩进、自动补全等。

如果已将编写好的 Python 代码保存在一个文件中，则可以在系统命令行窗口中使用以下格式运行该文件中的 Python 代码，格式中的两个部分之间需要保留一个空格。

```
Python 解释器的完整路径 Python 文件的完整路径
```

假设将 Python 安装在以下路径，在该路径中有一个名为 python.exe 的文件，该文件是启动 Python 解释器的可执行文件。

```
D:\Program Files\Python312
```

假设要运行的 Python 代码包含在名为 test.py 的文件中，该文件位于以下路径，其中的代码用于显示"Hello World"。

```
E:\ 测试数据 \Python
```

在 Windows 操作系统的命令提示符中输入以下语句并按 Enter 键，将运行 test.py 文件中的 Python 代码，如图 1-18 所示。

```
"D:\Program Files\Python312\python" E:\ 测试数据 \Python\test.py
```

图 1-18　Python 解释器和 Python 文件都需要输入完整路径

注意：由于在第一个路径中包含空格，所以，需要将该路径放到一对英文双引号中，否则将导致程序出错。路径中没有空格时可以省略双引号。

如果在安装 Python 时选中 Add python.exe to PATH 复选框，则会将 Python 的完整路径添加到操作系统的环境变量中，每次在系统命令行窗口中运行 Python 文件时可以输入以下语句，即省略 Python 解释器的路径部分，如图 1-19 所示。

```
python E:\ 测试数据 \Python\test.py
```

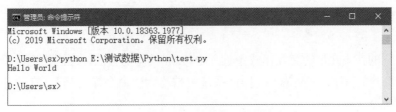

图 1-19　省略 Python 解释器的路径部分

提示：在系统命令行窗口中输入的英文字母的大小写不重要，只要拼写正确即可。

用户可以手动将 Python 解释器的完整路径添加到环境变量中，此处以 Windows 10 为例，操作步骤如下：

（1）右击"开始"按钮，在弹出的快捷菜单中选择"系统"命令。

（2）打开图 1-20 所示的窗口，选择"系统信息"选项。

图 1-20　选择"系统信息"选项

（3）打开"系统"窗口，选择"高级系统设置"选项，如图 1-21 所示。

图 1-21　选择"高级系统设置"选项

（4）打开"系统属性"对话框，单击"环境变量"按钮，如图 1-22 所示。

（5）打开"环境变量"对话框，在上方的列表框中双击名为 PATH 的环境变量，如图 1-23 所示。

图 1-22　单击"环境变量"按钮　　　　图 1-23　双击名为 PATH 的环境变量

（6）打开"编辑环境变量"对话框，单击"新建"按钮，然后输入 Python 解释器的完整路径并按 Enter 键，将其添加到 PATH 环境变量中，最后单击"确定"按钮，如图 1-24 所示。

图 1-24　将 Python 解释器的完整路径添加到 PATH 环境变量中

如果在安装 Python 时选中 py launcher 和 Associate files with Python 两个复选框，则会安装 Python 启动器，并将所有扩展名为 .py 的文件关联到 Python 解释器。以后在系统命令行窗口中只需输入 py 即可启动 Python 解释器，还可以在文件夹中直接双击 .py 文件来运行其中的代码，并在系统命令行窗口中显示运行结果。

双击前面示例中的 test.py 文件，可能会发现系统命令行窗口一闪而过，无法看清楚运行结果。解决该问题的方法是在文件底部的空行中添加以下代码，如图 1-25 所示。

```
input()
```

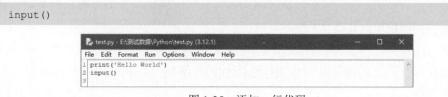

图 1-25　添加一行代码

再次双击 test.py 文件，将在系统命令行窗口中显示该文件的运行结果，只有按 Enter 键，才会关闭该窗口，如图 1-26 所示。

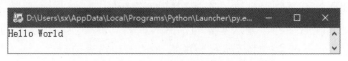

图 1-26　显示运行结果且不自动关闭窗口

技巧：如果希望只输入 Python 文件名，而省略 Python 解释器和文件的路径，就可以在系统命令行窗口中运行文件中的代码，则可以使用类似于本节前面介绍的方法，将 Python 文件的路径添加到 PATH 环境变量中。例如，如果将 test.py 文件所在的路径添加到 PATH 环境变量中，则可以在系统命令行窗口中直接输入 test.py，即可运行该文件中的代码。

1.2.5　使用独立可执行文件运行 Python 代码

存储 Python 代码的文件的扩展名是 .py，运行该类型的文件就会自动执行其中包含的 Python 代码。使用一些第三方工具（如 Windows 中的 py2exe 工具），可以将 .py 文件转换为可独立执行的二进制文件（如 Windows 中的 .exe 文件），在 Python 中将这种文件称为冻结二进制文件。由于在冻结二进制文件中嵌入了 Python，所以，用户无须安装 Python 即可运行冻结二进制文件中的 Python 代码。

1.2.6　配置 IDLE

对于 Python 初学者来说，Python 内置的 IDLE 是学习 Python 编程的理想工具，不仅因为其界面简洁、简单易用，更重要的是可以在 IDLE 交互模式中通过输入各种代码来测试它们的功能，由此可以检验自己对 Python 编程的理解和掌握程度。与其他第三方 IDE 相比，IDLE 省去了大量烦琐的底层细节和选项配置，减少很多麻烦，从而可以将精力放在 Python 语言本身上。简单来说，使用 IDLE 可以马上开始学习 Python 编程，而不是将时间浪费在熟悉 IDE 界面的配置和使用方法上。

IDLE 具有以下特性：

- 在 Windows、UNIX、Linux 和 macOS 等不同的平台上具有相同的工作方式。
- 可以使用 IDLE 窗口顶部的菜单栏中的命令执行各种操作，也可以使用显示在命令右侧的快捷键提高操作速度。
- 提供语法高亮，自动为代码中的语言元素设置不同的字体颜色。
- 智能缩进代码，Python 使用缩进区分不同的代码块，在 Python 中"缩进"是一种语法规则。
- 调用函数时，自动显示函数的参数和简要说明。
- 输入对象和点分隔符后，自动显示对象可用的属性和方法列表，可以从中选择要输入的项目。
- 可以对代码执行复制、粘贴、查找和替换等操作。
- 自动检测匹配的括号，输入匹配的括号时，自动高亮显示相匹配的括号。
- 在 IDLE 的命令行窗口中显示代码的运行结果和错误信息。
- 在 IDLE 的编辑器窗口中可以多次撤销操作。在 IDLE 的命令行窗口中，只要还没有按 Enter 键，就可以对当前正在输入的代码执行多次撤销操作。
- 提供一个支持单步调试、断点调试等功能的调试器。
- 可以自定义 IDLE 的默认选项，使其界面显示和行为方式更符合个人操作习惯。

如需更改 IDLE 的默认选项，可以在 IDLE 命令行窗口顶部的菜单栏中选择 Options → Configure IDLE 命令，打开相应的对话框，在其中的各个选项卡中设置 IDLE 的外观和行为，下面介绍一些常用的选项。

1. 设置代码的字体格式

在 Fonts 选项卡中可以设置代码的字体格式，如图 1-27 所示。在列表框中选择一种字体，然后单击下方的按钮，从打开的列表中选择字体大小。选中 Bold 复选框，可将字体加粗显示。

2. 设置语法高亮

在 Highlights 选项卡中可以设置语法高亮的配色方案，以及创建并选择要使用的颜色主题，如图 1-28 所示。如需更改一种语言元素的颜色，可以单击 Normal Code or Text 按钮，在打开的列表中选择一种元素，或者直接在缩略图中单击元素示例，然后单击 Choose Color for: 按钮并选择一种颜色。

单击 Save as New Custom Theme 按钮，可以将当前的配色方案保存为一个新的主题，然后可以选中 a Custom Theme 单选按钮，再单击下方的按钮并选择自定义的主题，如图 1-29 所示。

图 1-27　设置代码的字体格式

图 1-28　设置语法高亮

图 1-29　选择自定义主题

3. 设置快捷键

在 Keys 选项卡中可以设置很多菜单命令的快捷键，如图 1-30 所示。Python 为不同平台提供了预置的快捷键方案，选中 Use a Built-in Key Set 单选按钮，然后单击右侧的按钮，在打开的列表中可选择带有相应平台的选项。

如需更改 Python 预置的快捷键，可以在列表框中选择一项，然后单击下方的 Get New Keys for Selection 按钮，在弹出的对话框中指定所需的快捷键，如图 1-31 所示。单击

图 1-30 中的 Save a New Custom Key Set 按钮，可以将当前的快捷键组合保存为新的快捷键方案，以便于以后可以在不同的快捷键方案之间快速切换。

图 1-30　设置快捷键

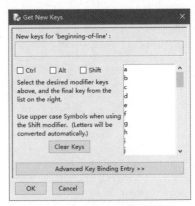

图 1-31　自定义快捷键

4. 设置启动 IDLE 时默认显示的窗口类型

启动 IDLE 时默认显示命令行窗口，如需在启动 IDLE 时默认显示编辑器窗口，可以在 Windows 选项卡中选中 Open Edit Window 单选按钮，如图 1-32 所示。

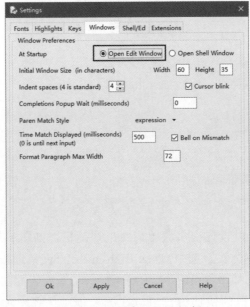

图 1-32　设置窗口显示方式

5. 设置窗口大小

Windows 选项卡中的 Width 和 Height 两个选项用于设置命令行窗口和编辑器窗口的大小，两个选项的值以字符为单位，如图 1-33 所示。

图 1-33　设置窗口大小

6. 设置代码的缩进距离

前面曾经提到过，"缩进"是在 Python 中编写代码时的一种格式规则，当输入复合语句时，必须为不同级别的代码添加缩进，否则，将导致程序出错。Windows 选项卡中的 Indent spaces（4 is standard）选项用于设置缩进距离，如图 1-34 所示。

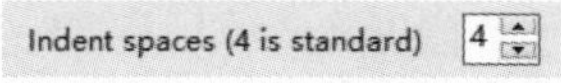

图 1-34　设置代码缩进距离

7. 设置自动完成列表的弹出速度

编写 Python 代码时，在输入对象的名称和一个英文句点之后，将自动弹出一个列表，其中包含该对象的方法，使用方向键选择一个选项，即可将其添加到当前代码中。如需在输入英文句点后立刻显示该列表，可以在 Windows 选项卡中将 Completions Popup Wait（milliseconds）选项设置为"0"，该选项的单位是毫秒，如图 1-35 所示。

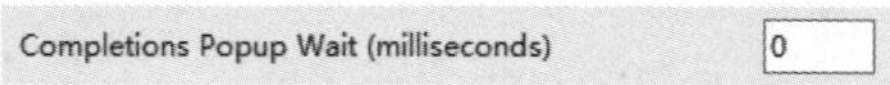

图 1-35　设置自动完成列表的弹出速度

1.3　Python 代码的组成结构

虽然现在还没开始编写真正有用的 Python 程序，但是从整体上了解 Python 程序和代码的组成结构，会为以后的学习打下一个好的基础。一个 Python 程序由一个或多个 .py 文件组成，将这些文件称为模块。在每个模块中包含一行或多行代码，每行代码都是一条可执行的语句，每条语句由 Python 关键字和表达式组成，每个表达式由字面值、常量、变量、运算符和函数调用组成。本节将简要介绍组成 Python 代码的各种语言元素，在本书后续章节中介绍 Python 内部提供的各类对象时，会介绍这些语言元素的更多内容。

1.3.1　字面值

字面值、常量和变量是组成 Python 代码的最基本单位，它们也是程序要处理的数据。Python 中的每类数据都对应于一种特定的数据类型，每种数据类型都有仅适合该类型的特定操作，也有一些操作适用于所有数据类型。

字面值就是用户输入的数据。16、1.6、" 你好 " 等都是字面值。在交互模式中输入一个字面值，然后按 Enter 键，将在下一行显示该字面值。

```
>>> 16
16
```

如果输入的是文本而非数字，则必须将文本输入到一对英文单引号或双引号中，否则将导致程序出错。在 Python 中将文本称为字符串。

```
>>> '你好'
'你好'
```

即使输入字符串时使用双引号，按 Enter 键后也会显示为单引号。

```
>>> "你好"
'你好'
```

1.3.2 常量

Python 内部提供了一些常量，它们是一些具有特定名称的固定不变的值，如 True、False、None 等，可以在 Python 代码中使用这些常量。输入 Python 内置常量时，必须严格遵守其字母大小格式，否则将导致程序出错。

也可以将字面值称为常量，因为输入一个字面值后，其值也是固定不变的。

1.3.3 变量

无论编写实现何种功能的 Python 程序，即使只有一两行 Python 代码，也通常会使用变量。变量是一个由用户指定的名称，使用这个名称可以存储任何数据，可能是输入的一个字面值，也可能是一个简单或复杂的表达式。表达式的概念将在 1.3.6 小节介绍。

在交互模式中输入下面的代码，表示将数字 16 存储到名为 n 的变量中。

```
>>> n = 16
```

接着在交互模式中输入下面的代码，将在下一行显示存储在变量 n 中的值。

```
>>> n
16
```

与其他编程语言不同，在 Python 中使用变量之前，不需要预先声明，实际上，Python 根本没提供用于声明变量的语句。在 Python 中使用一个变量是非常简单的，只需将一个值存储到变量中，接下来就可以在代码中使用该变量代替这个值。

将一个值存储到变量的操作称为"为变量赋值"，使用等号连接变量和值，变量在等号的左侧，值在等号的右侧，正如 1.3.3 小节开头的示例所示。在代码中使用一个变量之前，必须先为该变量赋值，否则将导致程序出错。下面的代码中的最后一行指明错误类型和原因：NameError 表示名称错误，错误的原因是在使用 n 之前没有定义它。所谓"没定义"是指没有预先为 n 赋值，这样会导致 Python 不知道该如何处理 n。

```
>>> n
Traceback (most recent call last):
  File "<pyshell#0>", line 1, in <module>
    n
NameError: name 'n' is not defined
```

一个好的变量名应该能够通过其名称获悉变量的含义，为了提高代码的可读性，最好为变量设置一个含义清晰的名称。此外，Python 对可在变量名中使用的字符有一些限制：变量名不能以数字开头，只能使用大写或小写的英文字母、数字和下画线，英文字母区分大小写。如果在一个变量名中包含多个英文单词，可以使用下画线分隔各个单词，或者将每个单词的首字母大写。不过，Python 有一个不做强制要求但是约定俗成的规定：只有类名称的首字母才使用大写形式，而变量的首字母使用小写形式。

编写 Python 代码时可能会遇到开头和结尾都带有下画线的变量，它们是 Python 内部定义的变量。使用这种特殊格式是为了避免与用户创建的变量重名。

1.3.4　数据类型

在 Python 中使用的数据都有特定的类型。例如，在 1.3.1 小节中输入的 16 是一个整数，该数字在 Python 中属于整数数据类型。在 1.3.1 小节中输入的"你好"是一个字符串，它在 Python 中属于字符串数据类型。

"数据类型"这一术语在其他编程语言中极其常见。由于 Python 将任何东西都看作对象，所以，在 Python 中将数据类型称为对象类型可能更加贴切，这两种术语在本书中可互换使用。Python 内置的常用对象类型如表 1-1 所示。

表 1-1　Python 内置的常用对象类型

对象类型	在 Python 中的名称
整数	int
浮点数	float
复数	complex
字符串	str
列表	list

续表

对象类型	在 Python 中的名称
元组	tuple
字典	dict
集合	set

除了表 1-1 中列出的对象类型，函数、类、模块等也都是 Python 中的对象类型，代码本身也是一种对象。实际上，Python 中的所有对象类型本身也属于一个共同的对象类型——type。

1.3.5　运算符

字面值、常量和变量都是独立的个体，只有将它们关联在一起才能得到各种不同的结果——这就是运算符所发挥的作用。使用运算符可以将字面值、常量和变量连接在一起，使它们之间执行运算并得出结果。

Python 中的运算符如表 1-2 所示，可以将这些运算符分为算术运算符、比较运算符、布尔运算符、移位运算符等多种类别，本书后续章节将介绍常用运算符的用法。

表 1-2　Python 中的运算符

+	-	*	**	/	//	%
<	>	<=	>=	==	!=	:=
<<	>>	&	|	^	~	@

1.3.6　表达式

表达式由字面值、常量、变量和运算符组成，单个的字面值、常量或变量也是一个表达式。在交互模式中输入一个表达式，会显示表达式的计算结果。下面的代码是一个包含字面值、变量和 + 运算符的表达式，假设已将数字 16 赋值给该变量，则输入该表达式后显示的计算结果是 18。

```
>>> 2 + n
18
```

1.3.7　语句

语句通常由 Python 关键字和表达式组成，不过赋值语句是个例外，因为它不使用关键字，只需使用一个等号，将右侧的值赋值给左侧的变量。下面的代码将数字 16 赋值给名为 n 的变量。输入这条语句后按 Enter 键，不会显示任何结果。

```
>>> n = 16
```

与表达式只能返回一个计算结果不同，使用语句可以执行特定的操作，并且通常不显示结果，正如上面的示例所示。下面的代码是语句的另一个示例，它使用 Python 关键字 del 删除一个变量，从而手动释放其占用的内存空间。

```
>>> del n
```

上面给出的两个示例都只有一行代码。在 Python 中还有一类语句包含多行代码，将这类语句称为"复合语句"。复合语句的格式和输入方法比较特殊，具体如下：

（1）复合语句的第一行以英文冒号结尾。

```
>>> if 1 > 6:
```

（2）在复合语句的第一行结尾按 Enter 键后，第二行开头的提示符变成以 3 个圆点（…）显示的次要提示符，并自动向右缩进指定的距离。具有相同缩进量的连续多行代码属于同一个单元，具有相同的层次级别。

```
>>> if 3 < 6:
...     print('确实如此')
```

（3）输入好所有复合语句后，按两次 Enter 键，将在两个以次要提示符开头的空行的下一行显示结果。

```
>>> if 3 < 6:
...     print('确实如此')
...
...
确实如此
```

提示：在后续章节中遇到包含复合语句的代码时，不会在书中印出额外的两个空行，以免浪费篇幅。

1.3.8　Python 关键字

本章前面介绍的 Python 内置常量、语句中使用的特定名称，都是 Python 中的关键字。关键字也称为保留字，是 Python 内部使用的名称，用户不能将它们用作变量的名称。

Python 中的关键字如表 1-3 所示，它们在 Python 的不同版本中可能略有差异。输入 Python 关键字时，必须与表 1-3 中英文字母的大小写保持一致。

表 1-3　Python 中的关键字

False	await	else	import	pass
None	break	except	in	raise
True	class	finally	is	return
and	continue	for	lambda	try
as	def	from	nonlocal	while
assert	del	global	not	with
async	elif	if	or	yield

1.3.9　注释

注释是给代码添加的说明性信息，运行代码时会自动忽略注释。在交互模式中输入代码时通常不会添加注释，在脚本模式中编写较长的代码时才会添加注释。

Python 中的注释以 # 符号开头，位于该符号右侧直到同行结尾之间的内容都被 Python 当作注释。下面是为代码添加注释的两种形式，第一种注释单独占据一行，第二种注释位于一行代码的右侧。

```
# 这是一个包含多行代码的程序
n = 16
if n > 100:      # 判断 n 的值是否大于 100
    print('n 的值很大 ')
else:
    print('n 的值很小 ')
```

1.3.10　Python 代码编写规范

Python 非常注重代码的简洁性和一致性，因此，在编写 Python 代码时有一些格式规范，也可将其看作一种惯例。

- 一行代码最多不超过 79 个字符。
- 为了避免代码中的字符过于密集而影响可读性，可以在运算符前后、逗号后添加空格。
- 当一行代码较长时，可以使用反斜线将一行代码拆分为多行，拆分后的多行在逻辑上仍然属于同一行。
- 使用空格或制表符作为代码的缩进，为了避免混乱，应该始终只使用其中的一种，最好使用空格。
- 使用空行分隔函数和类，以及函数内较长的代码块。

- 将注释放在单独的一行，不要放在代码行的右侧。
- 使用文档字符串。
- 用户创建的函数的首字母使用小写。如果函数名由多个英文单词组成，则使用下画线分隔它们。
- 用户创建的类的首字母使用大写。如果类名由多个英文单词组成，则每个单词的首字母都应该大写。

1.4　Python 编程的核心概念

在 Python 中有一些与其他编程语言显著不同的概念，了解这些概念对于学习 Python 编程将会很有帮助。本节将介绍 Python 中的一些重要概念，这些概念贯穿整个 Python，在本书后续章节中会详细讲解这些概念。

1.4.1　动态类型

1.3.3 小节曾介绍过，在 Python 中使用变量之前不需要预先声明，为变量赋值时会自动创建该变量，并可在后面的代码中使用它。

无论最初为变量赋的值是哪种数据类型，以后都可以将任何类型的数据赋值给该变量，这意味着 Python 中的变量没有数据类型，而赋给变量的值才有数据类型。在 Python 内部，为变量赋值的操作将在变量和值之间建立关系，这种关系实际上是变量指向特定值的一个引用。正因为如此，可以将任何类型的值赋给同一个变量，为变量赋新值后，该变量指向的原有值会自动从内存中删除，这种机制称为"垃圾收集"。

在 Python 中输入一个字面值或表达式时，都会创建一个代表该值或表达式计算结果的对象。在 Python 中任何事物都是对象，变量只是指向对象的一个引用。

下面的代码将数字 16 赋值给变量 m，然后将变量 m 赋值给变量 n，再显示 m 和 n 的值，它们都是 16。

```
>>> m = 16
>>> n = m
>>> m, n
(16, 16)
```

接下来将数字 18 赋值给变量 m，然后显示 m 和 n 的值，此时 m 的值是 18，而 n 的值还是 16。这意味着将变量 m 赋值给变量 n 时，变量 n 指向的不是变量 m，而是变量 m 指向的数字 16，所以将新的数字赋给变量 m 时，变量 n 仍然指向原来的数字。

```
>>> m = 18
>>> m, n
```

```
(18, 16)
```

上述介绍的就是 Python 中动态类型的概念，它为在程序中使用变量和数据提供了更多的灵活性，这也是使 Python 代码更简洁的原因之一。

1.4.2 可变和不可变对象、序列和映射

如果可以改变对象的值，则该对象是可变对象；如果不能改变对象的值，则该对象是不可变对象。Python 内置了多种对象类型，列表和字典是可变对象，数字、字符串和元组是不可变对象。有些对象可以包含其他对象，将这类对象称为容器，列表、元组和字典都是容器。

在 Python 中有些对象可以使用非负整数作为索引来表示对象中的各个元素，这种对象是序列，字符串、列表和元组都是序列。除了可以使用索引引用序列对象的元素，序列对象还支持切片操作，即通过给定两个索引号来引用位于这两个索引号之间的所有元素，得到的是一个新序列。无论是原序列还是通过切片得到的新序列，它们的起始索引号都是 0。

与序列使用整数作为索引号顺序访问其内部的每个元素不同，在 Python 中还有一类以"键-值"对的形式组成对象中的各个元素，这种对象是映射，字典就是映射。映射中的每一项由键和值组成，通过查找键，可以得到与其对应的值。

1.4.3 可迭代对象

"迭代"在 Python 中是非常常见的术语和操作，是指逐一遍历一个对象中的各个元素。迭代操作通常作用于序列对象，如字符串、列表和元组，以及某些非序列对象，如字典，这类对象就是可迭代对象。以字符串为例，对一个字符串进行迭代是指对该字符串中的每个字符执行特定的操作。

第 2 章 数　字

Python 为数字提供了多种类型，包括整数、浮点数、复数、小数、分数、布尔值等。本章将介绍几种常用数字类型的特点、输入方法、不同的运算方式等内容。

2.1　数字的类型

在 Python 中所有可以执行数学运算的对象都是数字。"数字"这一术语是对 Python 中所有数字的统称，Python 中的数字可以是整数、浮点数、复数、布尔值等多种类型，它们在 Python 中都是一种特定的数据类型。

2.1.1　整数

没有小数点的数字是整数，在 Python 中整数类型的名称是 int。在交互模式中输入一个整数，将在下一行显示该数字。

```
>>> 16
16
```

在交互模式中输入以逗号分隔的两个整数，将在一对圆括号中显示它们，这种形式是 Python 中的元组，它也是 Python 中的一种数据类型，本书后续章节会详细介绍元组这种数据类型。

```
>>> 1, 2
(1, 2)
```

使用 Python 内置的 int 函数可以创建一个整数，只需将要输入的整数放到 int 函数右侧的圆括号中。

```
>>> int(16)
16
```

提示：在 Python 中将用于创建数据的函数称为"构造函数"，此处的 int 及本章后面介绍的 float 和 complex 都是构造函数。

通常不会使用这种方式输入整数。不过，如需将一个小数转换为整数，则可以使用

int 函数。在交互模式中输入下面的代码，将小数 1.6 转换为整数 1，直接截去小数部分。

```
>>> int(1.6)
1
```

如需将一个小数四舍五入为一个整体，可以使用 Python 内置的 round 函数。

```
>>> round(1.6)
2
```

上面介绍的数字都是十进制数，这是 Python 默认使用的数制。还可以使用特定的前缀创建二进制数、八进制数和十六进制数：

- 以 0B 或 0b 开头的数字是二进制数，除了前缀，其他部分由 0 和 1 组成。
- 以 0O 或 0o 开头的数字是八进制数，前缀是 0，后面是大写或小写的字母 O。除了前缀，其他部分由 0 ~ 7 组成。
- 以 0X 或 0x 开头的数字是十六进制数，除了前缀，其他部分由 0 ~ 9 或 A ~ F 组成，字母 A ~ F 大小写均可。

在交互模式中输入一个二进制数 110，输入后将显示对应的十进制数 6，即 $1×2^2+1×2^1+0×2^0$。

```
>>> 0b110
6
```

下面的代码输入的是一个八进制数 110，输入后将显示对应的十进制数 72，即 $1×8^2+1×8^1+0×8^0$。

```
>>> 0o110
72
```

下面的代码输入的是一个十六进制数 110，输入后将显示对应的十进制数 272，即 $1×16^2+1×16^1+0×16^0$。

```
>>> 0x110
272
```

2.1.2 浮点数

带有一个小数点的数字是浮点数，在 Python 中浮点数类型的名称是 float。在交互模式中输入一个浮点数，将在下一行显示该数字。

```
>>> 1.6
1.6
```

使用 Python 内置的 float 函数可以创建一个浮点数，只需将要输入的浮点数放到 float 函数右侧的圆括号中即可。

```
>>> float(1.6)
1.6
```

使用 float 函数还可以将一个整数转换为浮点数，转换的结果只是简单地在整数的末尾添加一个小数点和一个 0。

```
>>> float(16)
16.0
```

2.1.3　复数

复数由"实部"和"虚部"两个部分组成，虚部使用不区分大小写的字母 j 或 J 作为后缀，两个部分之间使用 + 连接。在 Python 中浮点数类型的名称是 complex。

在 Python 中输入复数有以下几种方法。

1. 同时输入实部和虚部

在交互模式中输入下面的代码并显示输入的复数。

```
>>> 3 + 6j
(3+6j)
```

2. 只输入虚部

如果复数没有实部，则可以只输入以字母 j 或 J 作为后缀的虚部。

```
>>> 6j
6j
```

3. 使用 complex 函数

使用 Python 内置的 complex 函数创建复数，该函数的第一个参数表示实部，第二个参数表示虚部。

```
>>> complex(3, 6)
(3+6j)
```

在 Python 中复数的两个部分都以浮点数表示。在交互模式中输入下面的代码，使用 complex 对象的 real 和 imag 两个属性获得复数的实部和虚部，将返回带有小数点的数字，说明它们都是浮点数。

```
>>> complex(3, 6).real
3.0
>>> complex(3, 6).imag
6.0
```

提示：在本书后续章节中介绍类时会对属性进行详细介绍。

2.1.4 布尔值

在 Python 中布尔值只有 True 和 False 两个，它们都是布尔类型，该类型是 Python 中的一种数据类型，也是整数类型的子类型。在 Python 中布尔类型的名称是 bool。

注意：True 和 False 是 Python 中的关键字，由于 Python 严格区分大小写，所以 True 和 False 必须首字母大写，其他字母小写。

可以直接在代码中输入 True 和 False 两个布尔值，也可以使用 Python 内置的 bool 函数将任何数据转换为布尔值。在交互模式中输入下面的代码，将整数 16 转换为布尔值 True。

```
>>> bool(16)
True
```

bool 函数会将数字 0 转换为 False，而将所有非 0 数字转换为 True。

```
>>> bool(0)
False
```

如果要转换的不是数字而是字符串，则会将空字符串转换为 False，将非空字符串转换为 True。列表、元组、字典等数据类型也都遵循与字符串相同的规则，bool 函数会将空列表、空元组、空字典转换为 False。

2.1.5 检测数字的类型

前面介绍的用于创建特定数字类型的函数，它们的名称也是这些数字类型的名称。使用 Python 内置的 type 函数可以检测数字或其他数据的类型，并返回类型的名称。

在交互模式中输入下面的代码，将显示数字 168 的类型。因为该数字是整数，所以返回的类型名称是 int。

```
>>> type(168)
<class 'int'>
```

如果是浮点数 1.68，则 type 函数返回的类型名称是 float。如果是复数 16+8j，则 type 函数返回的类型名称是 complex。如果输入的是布尔值，则显示的类型名称是 bool。

```
>>> type(True)
<class 'bool'>
```

2.2 对数字执行运算

将数字和运算符混合在一起就构成了表达式，每个表达式都可以计算出一个值。在

Python 中可以使用算术运算符、比较运算符和布尔运算符对数字执行不同类型的运算，也可以混合使用这些运算符创建复杂的表达式。使用圆括号可以改变运算符默认的运算顺序。

2.2.1 算术运算

使用算术运算符可以对数字执行常规的算术运算，计算结果是一个数字，其类型由参与计算的两个数字的类型决定。Python 中的算术运算符如表 2-1 所示。

表 2-1 算术运算符

运 算 符	名 称	功 能	示 例
+	加	计算两个数字之和	13 + 5 的结果是 18
−	减	计算两个数字之差	13 − 5 的结果是 8
*	乘	计算两个数字之积	13 * 5 的结果是 65
/	除	计算两个数字之商	13 / 5 的结果是 2.6
//	整除	计算两个数字的整数商	13 // 5 的结果是 2
%	求余（模）	计算两个数字的余数	13 % 5 的结果是 3
**	乘方（幂）	计算一个数字的指定次幂	13 ** 5 的结果是 371293

使用 / 运算符执行除法运算时，即使两个数字能够整除，计算结果也是一个浮点数，即在商的末尾添加小数点和一个 0。例如，在交互模式中输入下面的表达式，计算结果是 2.0 而非 2。

```
>>> 10 / 5
2.0
```

浮点数执行算术运算时可能会产生计算误差。在交互模式中输入下面的表达式，计算结果并非 1.8，而是一个非常接近 1.8 的数字。

```
>>> 0.6 + 0.6 + 0.6
1.7999999999999998
```

解决浮点数误差的一种方法是使用 Python 内置的 round 函数，根据参与计算的所有数字中的最大小数位数，来设置 round 函数的第二个参数为计算结果保留的小数位数。下面的代码为计算结果保留一位小数。

```
>>> round(0.6 + 0.6 + 0.6, 1)
1.8
```

下面的代码为计算结果保留 3 位小数。

```
>>> round(0.6 + 0.66 + 0.666, 3)
1.926
```

使用 Python 内置函数可以实现表 3-1 中的一些算术运算。例如，使用 pow 函数可以实现 ** 运算符的功能，使用 divmod 函数可以同时实现 // 和 % 两个运算符的功能。

```
>>> divmod(13, 5)
(2, 3)
```

2.2.2 比较运算

使用比较运算符可以比较数字的大小，计算结果是一个布尔值。Python 中的比较运算符如表 2-2 所示。

表 2-2　比较运算符

运　算　符	名　　称	功　　能	示　　例
==	等于	比较两个数字是否相等	5 == 13 的结果是 False
!=	不等于	比较两个数字是否不相等	5 != 13 的结果是 True
<	小于	比较第一个数字是否小于第二个数字	5 < 13 的结果是 True
<=	小于或等于	比较第一个数字是否小于或等于第二个数字	5 <= 13 的结果是 True
>	大于	比较第一个数字是否大于第二个数字	5 > 13 的结果是 False
>=	大于或等于	比较第一个数字是否大于或等于第二个数字	5 >= 13 的结果是 False

在 Python 中可以在一个表达式中使用多个比较运算符比较多个数字。在交互模式中输入下面的代码，结果是 False。这是因为 1 < 3 < 2 相当于 1 < 3 和 3 < 2，只有两个表达式都成立，结果才是 True，否则结果是 False。

```
>>> 1 < 3 < 2
False
```

2.2.3 布尔运算

使用布尔运算符可以对表达式执行布尔运算，并返回一个布尔值 True 或 False。Python 中的布尔运算符如表 2-3 所示。

表 2-3　算术运算符

运 算 符	名 称	功 能	示 例
and	与	第一个表达式为 False 则返回 False，否则返回第二个表达式的值	1 > 2 and 3 < 6 返回 False
or	或	第一个表达式为 True 则返回 True，否则返回第二个表达式的值	1 > 2 or 3 < 6 返回 True
not	非	如果表达式为 False 则返回 True，否则返回 False	not 1 > 2 返回 True

实际上，Python 中的布尔运算符并不要求表达式的返回值必须是布尔值 True 或 False，也可以对字面量或变量使用布尔运算符，此时将根据布尔运算符的类型和布尔运算符连接的两个值来返回其中一个值。

在交互模式中输入下面的代码，将返回 6，这是因为 and 运算符左侧的值是数字 1，1 相当于布尔值 True，由于 and 运算符两侧的值都是 True 时，才会返回 True，所以，此时需要检测 and 运算符右侧的值并返回该值。

```
>>> 1 and 6
6
```

在交互模式中输入下面的代码，将返回 1，这是因为只要 or 运算符两侧的值有一个是 True 就会返回 True，而本例中的数字 1 相当于 True，所以，无须检测 or 运算符右侧的值，而是直接返回左侧的数字 1。

```
>>> 1 or 6
1
```

下面的代码利用布尔运算符的这种特性，为存储字符串的变量 name 设置了一个默认值，当变量 name 为空时，将返回该默认值。

```
>>> name = ''
>>> name or 'admin'
'admin'
```

2.2.4　使用括号改变运算顺序

当一个表达式包含多种运算符时，表达式中各个部分的运算顺序由各个运算符的优先级决定。前几节介绍的 3 类运算符的优先级由高到低排列如下：

算术运算符 > 比较运算符 > 布尔运算符

同一类运算符中各个运算符的优先级如下。

- 算术运算符：** 运算符的优先级最高，*、/、// 和 % 4 个运算符的优先级次之，+ 和 - 两个运算符的优先级最低。

- 比较运算符：所有运算符的优先级相同。
- 布尔运算符：所有运算符的优先级相同。

在交互模式中输入下面的代码，表达式的计算结果是 66，先计算优先级较高的乘法，然后计算优先级较低的加法。

```
>>> 16 + 10 * 5
66
```

如需提升运算符的优先级，可以将希望先计算的表达式放在一对圆括号中。下面的代码先计算圆括号中的加法，再计算乘法，计算结果是 130。

```
>>> (16 + 10) * 5
130
```

即使不需要提升运算符的优先级，在一个复杂表达式中使用括号仍然是一个好方法，因为可以使表达式中的各个部分更清晰，提高代码的可读性。

```
>>> (1 < 3) and (6 > 5) and (7 != 8)
```

2.2.5 不同数字类型的混合运算

如果在一个表达式中对不同类型的数字求值，则复杂度较低的数字类型会自动向复杂度较高的数字类型转换。在 Python 中，整数的复杂度最低，浮点数次之，复数的复杂度最高。

下面的代码计算一个整数和一个浮点数之和，由于浮点数具有更高的复杂度，所以，整数会先转换为浮点数，然后计算两个数字之和，计算结果也是一个浮点数。

```
>>> 6 + 1.6
7.6
```

2.3 在不同数制之间转换

使用 Python 内置的几个函数，可以很容易将一个数字在十进制与其他数制之间转换，这些函数是 bin、oct、hex 和 int。

2.3.1 将十进制数字转换为其他进制数字

使用 bin、oct 和 hex 函数可以将一个十进制数字分别转换为二进制数字、八进制数字和十六进制数字，转换结果的数据类型是 str（字符串）。

在交互模式中输入下面的代码，将十进制数 16 转换为二进制数 0b10000。

```
>>> bin(16)
'0b10000'
```

下面的代码将十进制数 16 转换为八进制数 0o20。

```
>>> oct(16)
'0o20'
```

下面的代码将十进制数 16 转换为十六进制数 0x10。

```
>>> hex(16)
'0x10'
```

在上述 3 个示例中，返回的结果都使用单引号包围，说明它们都是字符串。第 4 章将详细介绍字符串的相关内容。

2.3.2　将其他进制数字转换为十进制数字

如需将字符串形式的其他进制数字转换为十进制数，可以使用 Python 内置的 int 函数，这相当于 3.3.1 小节的逆操作。使用 int 函数转换数制时，该函数的第一个参数表示要转换的字符串格式的数字，第二个参数表示该数字的数制。

在交互模式中输入下面的代码，使用 int 函数将二进制数 0b10000 转换为十进制数 16。该函数的第一个参数放在一对单引号中，说明它是一个字符串。第二个参数是 2，说明第一个参数表示的是一个二进制数字。

```
>>> int('0b10000', 2)
16
```

下面的代码将八进制数 0o20 转换为十进制数 16。

```
>>> int('0o20', 8)
16
```

下面的代码将十六进制数 0x10 转换为十进制数 16。

```
>>> int('0x10', 16)
16
```

第 3 章 字符串

在 Python 中处理文本数据需要使用字符串对象。Python 中的字符串是一组字符的有序集合，任何一个字符串都是一个不可变的序列。Python 为字符串提供了非常丰富的操作，包括输入单行或多行字符串、转义字符、提取和合并字符串、使用字符串对象的方法处理字符串、格式化字符串等，其中针对序列的操作同样适用于列表和元组等序列对象。本章将介绍在 Python 中处理字符串的方法。

3.1 创建字符串

在 Python 中创建字符串有多种方法，可以创建单行或多行字符串，可以将两个或多个字符串合并为一个字符串，还可以将其他类型的数据转换为字符串。为了将特定字符转换为特殊含义，还可以在字符串中使用转义字符。

3.1.1 输入单行字符串

在 Python 中输入字符串的方式非常灵活，可以将字符串输入到一对英文单引号或双引号中，还可以将字符串输入到 3 对英文单引号或双引号中。

在交互模式中输入下面的代码，使用一对单引号创建一个字符串。输入代码后按Enter 键，会在下一行显示输入的字符串，并带有字符串两侧的单引号。

```
>>> '你好'
'你好'
```

下面的代码使用一对双引号创建一个字符串。使用双引号输入的字符串在显示时仍然是单引号。

```
>>> "你好"
'你好'
```

下面的代码使用 3 对单引号创建一个字符串。

```
>>> '''你好'''
'你好'
```

下面的代码使用 3 对双引号创建一个字符串。

```
>>> """你好"""
'你好'
```

如需在 Python 程序中反复使用同一个字符串，可以将其赋值给一个变量，然后在代码中使用该变量代替这个字符串。下面的代码将字符串"你好"赋值给变量 s，然后使用 Python 内置的 type 函数显示该变量引用的值的数据类型。

```
>>> s = '你好'
>>> type(s)
<class 'str'>
```

Python 为字符串提供了多种输入方法的好处在于，可以很容易处理字符串本身包含的单引号或双引号。在交互模式中输入下面的代码，由于字符串本身带有单引号，所以，需要将整个字符串输入一对双引号中。

```
>>> "my name's sx"
```

同理，当字符串本身带有双引号时，可以将整个字符串输入一对单引号中。

```
>>> 'I asked,"Who are you?"'
```

如果字符串本身同时带有单引号和双引号，则可以将整个字符串输入 3 对单引号或双引号中。

```
>>> '''I asked,"Who are you?","my name's sx", he said'''
```

输入上面的代码后按 Enter 键，将在下一行显示下面的代码，其中的反斜线用于转换位于其右侧的字符的含义。将这种功能称为转义字符，更多介绍请参考 3.1.5 小节。

```
'I asked,"Who are you?","my name\'s sx", he said'
```

3.1.2　输入多行字符串

如果字符串较长或出于保持特殊格式的目的，则可以将一个字符串输入到多行中。在 Python 中输入多行字符串有以下几种方法：

- 将字符串输入到 3 对单引号或双引号。
- 在字符串中需要换行的位置输入一个反斜线，然后按 Enter 键，在下一行继续输入字符串的剩余部分。可以使用相同的方法多次为同一个字符串换行。
- 将字符串输入到一对圆括号中，并在其中使用多对单引号或双引号分别包围字符串的不同部分。

在交互模式中输入下面的代码，将分成 3 行的字符串输入 3 对单引号中。在结束多行字符串之前，第一行代码的开头显示主提示符，其他行代码的开头显示次要提示符。

```
>>> '''I asked
```

```
... "Who are you?"
... "my name's sx", he said'''
'I asked\n"Who are you?"\n"my name\'s sx", he said'
```

下面在每行代码的结尾使用一个反斜线为字符串分行，并将整个字符串输入一对单引号中。

```
>>> 'my name \
... is sx'
'my name is sx'
```

下面将整个字符串拆分为由两对单引号包围的两个部分，并将每个部分输入不同的行中，但是两个部分位于同一对圆括号中。

```
>>> ('my name '
...  'is sx')
'my name is sx'
```

无论使用哪种方法输入多行字符串，显示时整个字符串仍然位于同一行。

3.1.3　将其他类型的数据转换为字符串

使用 Python 内置的 str 函数，可以将数字或其他类型的数据转换为字符串。在交互模式中输入下面的代码，将数字 16 转换为字符串 16，转换后的数字会带有一对单引号。

```
>>> str(16)
'16'
```

下面的代码将布尔值 True 转换为其字符串形式。

```
>>> str(True)
'True'
```

3.1.4　合并和重复字符串

第 2 章曾介绍过，使用 + 运算符可以计算两个数字之和。将 + 运算符用在两个字符串之间，会将它们合并为一个字符串。在交互模式中输入下面的代码，将"你好，"和"欢迎使用本程序"合并在一起。

```
>>> '你好，' + '欢迎使用本程序'
'你好，欢迎使用本程序'
```

实际上，直接在交互模式中输入下面的代码，也可以实现相同的合并操作，这是 Python 内部的隐式合并功能，自动将相邻的两个字符串合并在一起。

```
>>> '你好，' '欢迎使用本程序'
'你好，欢迎使用本程序'
```

两种合并字符串的方法的区别如下：使用 + 运算符可以合并字符串字面值或引用字符串的变量，而第二种方法只能合并字符串字面值。

如需合并字符串和数字，需要先将数字转换为字符串，然后进行合并，否则会导致程序出错。下面的代码想要显示字符串"我有 16 本书"，由于 16 不是字符串类型，所以程序会出错。

```
>>> '我有' + 16 + '本书'
Traceback (most recent call last):
  File "<pyshell#25>", line 1, in <module>
    '我有' + 16 + '本书'
TypeError: can only concatenate str (not "int") to str
```

下面的代码先使用 str 函数将数字 16 转换为字符串，然后与其他字符串合并，从而使程序正常运行。

```
>>> '我有' + str(16) + '本书'
'我有16本书'
```

与 + 运算符类似，* 运算符也可以在字符串中使用。对于数字来说，* 运算符执行乘法运算，而将该运算符连接一个字符串和一个数字时，会将该字符串重复由该数字表示的次数。在交互模式中输入下面的代码，将"你好"重复 3 次并将它们合并为一个字符串。

```
>>> '你好' * 3
'你好你好你好'
```

3.1.5　转义字符和抑制转义

3.1.1 小节介绍过，如果字符串本身带有单引号或双引号，则可以将整个字符串输入一对双引号或单引号中。实际上，也可以将本身带有单引号的字符串输入一对单引号中，或者将本身带有双引号的字符串输入一对双引号中，此时需要使用转义字符，才能使程序正常运行。

转义字符就是将字符原本的含义转换为一种特殊的含义，在 Python 中可以使用反斜线对字符进行转义。在交互模式中输入下面的代码，将带有单引号的字符串输入一对单引号中，并在下一行显示该字符串而不会导致程序出错，这是因为使用反斜线将字符串中的单引号转换为单引号本身的含义，而不会被当作 Python 默认的字符串分界符。

```
>>> 'my name\'s sx'
"my name's sx"
```

表 3-1 列出了几种常用的转义字符。计算字符串长度时，每组转义字符（如 \n）按 1

字节计算。

表 3-1　Python 中常用的转义字符

转义字符	含　　义
\\	保留反斜线
\'	保留单引号
\"	保留双引号
\n	换行
\t	水平制表符

在交互模式中输入下面的代码，这是一个表示路径的字符串。由于路径分隔符是反斜线，而第二个反斜线右侧的字母是 n，所以，Python 会将其转义为换行，导致该字符串无法被正确解析为路径。

```
>>> 'E:\ 测试数据 \newPython'
```

为了避免将第二个反斜线及其右侧的字母 n 转义为换行，需要在第二个路径分隔符的左侧添加一个反斜线，使该路径分隔符恢复反斜线本身的含义，而不是作为转义字符的一部分。

```
>>> 'E:\ 测试数据 \\newPython'
```

解决该问题的另一种方法是在整个字符串的开头添加一个字母 r，它表示不对字符串中的反斜线及其右侧的字母进行转义，保留原始字符串的含义。

```
>>> r'E:\ 测试数据 \newPython'
```

当字符串包含奇数个反斜线，并以反斜线结尾时，最后一个反斜线会转义用于标记字符串的引号，将导致程序出错，即使在字符串的开头添加字母 r 也无济于事。

```
>>> r'E:\ 测试数据 \newPython\'
SyntaxError: unterminated string literal (detected at line 1)
```

解决该问题的一种方法是去掉字符串开头的字母 r，然后将字符串中的每个反斜线替换为双反斜线。

```
>>> 'E:\\ 测试数据 \\newPython\\'
```

3.1.6　使用 print 函数显示更易读的字符串

在 3.1.5 小节输入的字符串中，路径分隔符无论使用单反斜线还是双反斜线，输入后按 Enter 键，都会显示为双反斜线。如需使路径显示为单反斜线，可以使用 Python 内置的

print 函数。使用该函数会自动隐藏用于标识格式的符号，如反斜线和引号，并输出经过转义的特殊字符，使结果更易读。

仍以 3.1.5 小节中的示例为例，在交互模式中输入下面的代码，然后按 Enter 键，在显示的结果中会将路径字符串中的 \n 转义为换行，所以，字符串显示在两行中，并且丢失了其中的字母 n。

```
>>> print('E:\ 测试数据 \newPython')
E:\ 测试数据
ewPython
```

使用 3.1.5 小节介绍的方法输入路径字符串并使用 print 函数输出它，将在路径中显示单反斜线，而且不会显示字符串两侧的引号。

```
>>> print(r'E:\ 测试数据 \newPython')
E:\ 测试数据 \newPython
```

使用 print 函数不仅可以输出一个数据，还可以同时输出多个数据，并指定数据之间的分隔符。下面的代码一次性输出 6 个字母，默认使用空格分隔它们。

```
>>> print('p', 'y', 't', 'h', 'o', 'n')
p y t h o n
```

如需使用短横线连接各个字母，可以为 print 函数指定关键字参数 sep，并将该参数的值设置为 "-"。为了得到正确的结果，必须将 sep 参数设置为圆括号内的最后一项。

```
>>> print('p', 'y', 't', 'h', 'o', 'n', sep='-')
p-y-t-h-o-n
```

提示：关键字参数是 Python 函数中的一种参数类型，第 7 章将详细介绍在 Python 中创建和使用函数的方法。

3.2　通过索引和切片提取单个或多个字符

由于字符串是序列类型的对象，所以，可以通过索引提取字符串中的每个字符，通过切片提取字符串中的多个字符。索引和切片适用于所有序列类型的对象，因此，这两种操作也可用于列表和元组。

3.2.1　通过索引提取单个字符

字符串中的每个字符都有一个索引号，表示距离字符串开头的偏移量。第一个字符位于字符串的开头，所以其索引号是 0，第二个字符的索引号是 1，因为该字符相当于从字符串的开头向右偏移了一个单位。最后一个字符的索引号是字符串的长度减 1。使用 Python 内置的 len 函数可以计算出字符串的长度，即字符串中的字符个数。

Python 也支持负数索引号，最后一个字符的索引号是 -1，倒数第二个字符的索引号是 -2，倒数第三个字符的索引号是 -3，以此类推。

通过索引号可以提取字符串中的单个字符，只需将字符的索引号放到字符串右侧的方括号中。下面的代码提取字符串"python"中索引号为 2 的字符，即字符串中的第 3 个字符。

```
>>> 'python'[2]
't'
```

在实际编程中，通常不会直接使用字符串字面值的形式来使用索引，而是将一个字符串赋值给变量，然后对变量使用索引。下面的代码实现相同的功能，但是使用变量 s 代替字符串字面值。

```
>>> s = 'python'
s[2]
't'
```

如需提取字符串中的最后一个字符，可以使用下面两种方法之一。

```
>>> s[-1]
'n'
>>> s[len(s)-1]
'n'
```

3.2.2　通过切片提取多个字符

切片是索引的扩展，通过切片可以一次性从字符串中提取多个字符。由于切片提取的是特定范围内的字符，所以，在切片时需要指定两个索引号，它们标识要提取的字符的起止范围：由第一个索引号开始，直到第二个索引号结束但是不包括该索引号所组成的范围内的所有字符，两个索引号之间使用英文冒号分隔。下面通过几个示例说明切片的工作方式。

在交互模式中输入下面的代码，提取索引号为 1 和 2 的两个字符，即字符串中的第二个和第三个字符。s[1:3] 提取的是索引号从 1 到 3 但是不包括 3 的字符。

```
>>> s = 'python'
>>> s[1:3]
'yt'
```

下面的代码提取字符串中的第 1 ～ 3 个字符。

```
>>> s[0:3]
```

```
'pyt'
```

由于省略第一个索引号时其值默认为 0，所以下面的代码也可以实现相同的功能。

```
>>> s[:3]
'pyt'
```

下面的代码提取字符串中的最后 3 个字符。

```
>>> s[-3:len(s)]
'hon'
```

由于省略第二个索引号时其值默认为整个字符串的长度，所以，下面的代码也可以实现相同的功能。

```
>>> s[-3:]
'hon'
```

由上面几个示例可以推导出，如需提取字符串中的所有字符，可以使用下面的代码，即在方括号中只保留一个英文冒号，而省略两个索引号。

```
>>> s[:]
'python'
```

将上面的代码补充完整后的形式如下：

```
>>> s[0:len(s)]
```

切片时还可以在方括号中指定第三个值，它表示字符串的步进值，该值与第二个索引号之间也使用英文冒号分隔。未指定第三个值时其值默认为 1，表示逐个提取每个字符。如果将该值设置为 2，则表示每隔一个字符提取一次。在交互模式中输入下面的代码，依次提取字符串中奇数索引号的字符，即索引号为 1、3、5 的字符，提取出的是第 2、4、6 个字符。

```
>>> s[1::2]
'yhn'
```

如需将字符串中的字符倒序排列，可以将方括号中的第三个值设置为 -1，并省略前两个索引号，但是必须保留两个英文冒号。

```
>>> s[::-1]
'nohtyp'
```

3.2.3　检测一个字符串在另一个字符串中是否存在

使用 in 运算符可以检测一个字符串在另一个字符串中是否存在，存在则返回 True，不存在则返回 False。在交互模式中输入下面的代码，从字符串中提取索引号为 6 的字符，然后使用 in 运算符检测提取出的字符在该字符串中是否存在，答案当然是肯定的，所以返回 True。

```
>>> s = 'Hello World'
>>> s[6] in s
True
```

如需检测一个字符串在另一个字符串中是否不存在，可以使用 not in 运算符。仍然输入上面的代码，但是将其中的 in 改为 not in，此时将返回 False。

```
>>> s = 'Hello World'
>>> s[6] not in s
False
```

在任何字符串中使用 in 运算符检测空字符串，始终都会返回 True。

```
>>> s = 'Hello World'
>>> '' in s
True
>>> '' in 'Python'
True
>>> '' in ''
True
```

3.3 使用字符串对象的方法处理字符串

在 Python 中，每个对象都有自己的一套方法。对象的方法与 Python 内置函数类似，用于执行特定的操作。字符串对象的方法主要用于处理字符串的格式和内容，本节将介绍字符串对象的一些常用方法。

3.3.1 检测字符串中的字符类型

字符串对象有一些名称以 is 开头的方法，使用它们可以检测字符串中的字符类型。

1. isalnum

如果字符串中的所有字符是字母、数字、汉字或它们的组合，则 isalnum 方法将返回 True，否则返回 False。在交互模式中输入下面的代码，检测 isalnum 方法的返回值。最后一个示例之所以返回 False 是因为字符串中包含一个感叹号。

```
>>> s = 'Python'
>>> s.isalnum()
True
>>> s = '168'
```

```
>>> s.isalnum()
True
>>> s = 'Python168'
>>> s.isalnum()
True
>>> s = '你好'
>>> s.isalnum()
True
>>> s = '你好！'
>>> s.isalnum()
False
```

2. isalpha

如果字符串中的所有字符都是字母或汉字，则 isalpha 方法将返回 True，否则返回 False。在交互模式中输入下面的代码，检测 isalpha 方法的返回值。

```
>>> s = 'Python'
>>> s.isalpha()
True
>>> s = 'Python168'
>>> s.isalpha()
False
>>> s = '你好'
>>> s.isalpha()
True
```

3. isdigit

如果字符串中的所有字符都是数字 0 ～ 9，则 isdigit 方法将返回 True，否则返回 False。在交互模式中输入下面的代码，检测 isdigit 方法的返回值。

```
>>> s = '100'
>>> s.isdigit()
True
>>> s = '0b100'
>>> s.isdigit()
False
```

4. isnumeric

如果字符串中的所有字符都是数值字符，则 isnumeric 方法将返回 True，否则返回 False。在交互模式中输入下面的代码，检测 isnumeric 方法的返回值。

```
>>> s = '168'
>>> s.isnumeric()
True
>>> s = 'Python'
>>> s.isnumeric()
```

```
False
```

isdigit 方法检测的数字字符是 isnumeric 方法检测的数值字符的子集。换句话说，如果一个字符串使用 isdigit 方法返回 True，则使用 isnumeric 方法也必将返回 True，反之则不一定成立。下面的代码分别使用 isnumeric 方法和 isdigit 方法检测中文数字"六十六"，前者返回 True，后者返回 False。使用这两个方法检测带圈数字和罗马数字的结果与此相同。

```
>>> s = '六十六'
>>> s.isnumeric()
True
>>> s.isdigit()
False
```

5. islower

如果字符串中的所有字符都是英文小写字母，则 islower 方法将返回 True，否则返回 False。在交互模式中输入下面的代码，检测 islower 方法的返回值。

```
>>> s = 'python'
>>> s.islower()
True
>>> s = 'Python'
>>> s.islower()
False
```

6. isupper

如果字符串中的所有字符都是英文大写字母，则 isupper 方法将返回 True，否则返回 False。在交互模式中输入下面的代码，检测 isupper 方法的返回值。

```
>>> s = 'Python'
>>> s.isupper()
False
>>> s = 'PYTHON'
>>> s.isupper()
True
```

7. istitle

如果字符串中的每个单词的首字母都是大写，其他字母都是小写，则 istitle 方法将返回 True，否则返回 False。在交互模式中输入下面的代码，检测 istitle 方法的返回值。

```
>>> s = 'My Name Is Sx'
>>> s.istitle()
True
>>> s = 'MY name is SX'
>>> s.istitle()
```

```
False
```

3.3.2　删除字符串中的空白字符

使用 lstrip、rstrip 和 strip 方法将删除位于字符串的左侧、右侧和两侧的空白字符。空白字符是指空格、制表符、换行符等不可见的字符，这些字符出现在字符串的开头或结尾通常没有意义，应该将它们删除。

在交互模式中输入下面的代码，使用 lstrip 方法删除字符串左侧的空白字符，将得到一个新的字符串，而不会改变原来的字符串。

```
>>> s = '  Python  '
>>> s.lstrip()
'Python  '
>>> s
'  Python  '
```

下面的代码使用 rstrip 方法删除字符串右侧的空白字符。

```
>>> s = '  Python  '
>>> s.rstrip()
'  Python'
```

下面的代码使用 strip 方法删除字符串两侧的空白字符。

```
>>> s = '  Python  '
>>> s.strip()
'Python'
```

实际上，上述 3 种方法都有一个相同的参数，删除空白字符是省略该参数时的默认操作。如果指定该参数，则将删除字符串开头或结尾中与指定字符相匹配的字符。在交互模式中输入下面的代码，将从字符串 'aabbccSXaabbcc' 的左侧开始查找是否存在 'abc' 中的任意一个字符，找到就将其删除，当遇到第一个不是 'abc' 中的字符时，将停止删除操作。

```
>>> s = 'aabbccSXaabbcc'
>>> s.lstrip('abc')
'SXaabbcc'
```

为 rstrip 和 strip 方法指定参数时执行操作的方式与 lstrip 方法类似。在交互模式中输入下面的代码，分别使用 rstrip 和 strip 方法删除字符串右侧和两侧的指定字符。

```
>>> s = 'aabbccSXaabbcc'
>>> s.rstrip('abc')
'aabbccSX'
>>> s.strip('abc')
```

```
'SX'
```

3.3.3 转换字符串的英文大小写

使用 lower 方法可以将字符串中的所有英文字母转换为小写形式。使用 upper 方法可以将字符串中的所有英文字母转换为大写形式。使用 title 方法可以将字符串中每个英文单词的首字母转换为大写，其他字母转换为小写。

在交互模式中输入下面的代码，使用上述 3 种方法转换英文字母的大小写。

```
>>> s = 'my name is SX'
>>> s.lower()
'my name is sx'
>>> s.upper()
'MY NAME IS SX'
>>> s.title()
'My Name Is Sx'
```

3.3.4 设置字符串的对齐方式

使用 ljust、rjust 和 center 方法可以将字符串设置为靠左、靠右和居中对齐。3 种方法都有相同的 width 和 fillchar 参数。width 参数用于设置字符串的总长度，fillchar 参数用于设置超过字符串自身长度后使用哪个字符填充剩余空间。

在交互模式中输入下面的代码，使用 ljust 方法将字符串靠左对齐，由于将总长度设置为 15，而字符串有 6 个字符，所以，需要使用 9 个 * 填充剩余空间。

```
>>> s = 'python'
>>> s.ljust(15, '*')
'python*********'
```

下面的代码将字符串靠右对齐，所以会在字符串的开头添加 9 个 *。

```
>>> s = 'python'
>>> s.rjust(15, '*')
'*********python'
```

下面的代码在字符串的两侧各添加 3 个 *。

```
>>> s = 'python'
>>> s.center(12, '*')
'***python***'
```

使用 center 方法时，如果剩余空间无法被 2 整除，则会先填满左侧的空间，再填充右侧的空间。下面的代码将在字符串开头填充 3 个 *，然后在字符串结尾填充 2 个 *。

```
>>> s = 'python'
>>> s.center(11, '*')
'***python**'
```

3.3.5　替换字符串

使用 replace 方法可以使用指定的内容替换字符串中的某部分内容。该方法有 3 个参数，第一个参数 old 用于指定字符串中要被替换掉的内容，第二个参数 new 用于指定要替换到字符串中的内容。如果要替换掉的内容在字符串中出现多次，则第三个参数 count 用于指定替换的次数。

在交互模式中输入下面的代码，将字符串中第一次出现的字母 t 删除，然后将字符串中第一次出现的字母 h 删除，最后得到的是正确拼写的单词。

```
>>> s = 'pytthhon'
>>> s = s.replace('t', '', 1)
>>> s.replace('h', '', 1)
'python'
```

由于 replace 方法返回一个新的字符串对象，所以，可以将两个 replace 方法连起来使用，第二个 replace 方法作用于由第一个 replace 方法返回的字符串对象。

```
>>> s = 'pytthhon'
>>> s.replace('t', '', 1).replace('h', '', 1)
'python'
```

由于本例多出的一组 t 和 h 字母连在一起，所以，可以使用下面的代码简化上面的操作。

```
>>> s = 'pytthhon'
>>> s.replace('th', '', 1)
'python'
```

3.3.6　将序列对象中的各个元素合并为一个字符串

使用 join 方法可以将序列对象中的各个元素合并为一个字符串。调用该方法的字符串被用于连接合并后的各个元素的分隔符。在交互模式中输入下面的代码，使用 "→" 连接 3 个字符串，join 方法的参数是一个由方括号包围起来的 3 个字符串组成的列表。

```
>>> '→'.join(['开始', '运行', '结束'])
'开始→运行→结束'
```

如果使用空字符串调用该方法，则合并后的各个元素之间没有分隔符。

```
>>> ''.join(['欢', '迎', '你'])
'欢迎你'
```

3.3.7　将一个字符串拆分为多个字符串

使用 split 方法可以将一个字符串拆分为由其中的各个字符组成的列表。如果字符串中的各个字符之间存在特定的分隔符，则可以将其设置为 split 方法的第一个参数 sep，这样就会使用该分隔符拆分字符串。split 方法的第二个参数 maxsplit 用于指定拆分的次数，未设置该参数时，默认进行所有可能的拆分。如果拆分一个空字符串或只包含空格的字符串时未设置 sep 参数，则将返回一个不包含任何元素的空列表，否则将返回包含空字符串的列表。

在交互模式中输入下面的代码，检测 split 方法拆分字符串的方式。

```
>>> '欢-迎-你'.split('-')
['欢', '迎', '你']
>>> '欢 迎 你'.split(' ')
['欢', '迎', '你']
```

如果指定了 sep 参数，则字符串中连续的分隔符不会被组合在一起，而是被当作分隔空字符串。在交互模式中输入下面的代码，由于后两个字之间有两个逗号，所以，拆分后会多出一个空字符串。

```
>>> '欢,迎,,你'.split(',')
['欢', '迎', '', '你']
```

3.4　格式化字符串

合并数字和字符串时，需要先将数字转换为字符串，然后才能与其他字符串组合在一起，否则将导致程序出错。使用 % 运算符或字符串对象的 format 方法，能以更简便的方式将多个值组合在一起。实际上，这两种方法的用途不止于此，使用它们还可以设置数字在字符串中的显示方式，如指定小数的位数或整个数字的总长度等。Python 还支持一种格式化字符串的方法，只需在字符串的开头添加字母 f 或 F，就可以使用与 format 方法类似的方式格式化字符串。

3.4.1　使用 % 运算符

在数学运算中，% 运算符用于计算两个数字相除后的余数。而在格式化字符串时，该运算符用作转换标记符，它在字符串内部指明要替换的位置，并在字符串外部指明要替换的值。

在交互模式中输入下面的代码，将数字 18 插入字符串中指定的位置。

```
>>> '最小年龄是 %d 岁' % 18
'最小年龄是 18 岁'
```

使用 + 运算符也可以实现上述功能，但是需要编写更多的代码。

```
>>> '最小年龄是 ' + str(18) + '岁'
'最小年龄是 18 岁'
```

可以一次性在字符串中插入多个值，此时需要在字符串内部添加多个 % 运算符，并在字符串外部的 % 运算符右侧将所有要替换的值放在一对圆括号中。在 Python 中放置在圆括号中的以逗号分隔的多个值是元组。在交互模式中输入下面的代码，将两个数字分别插入字符串中的两个位置。

```
>>> '最小年龄是 %d 岁，最大年龄是 %d 岁' % (18, 66)
'最小年龄是 18 岁，最大年龄是 66 岁'
```

随着需要插入的数字个数的增多，使用 + 运算符实现相同功能的代码将变得越来越复杂。

```
>>> '最小年龄是 ' + str(18) + '岁，最大年龄是 ' + str(66) + '岁'
'最小年龄是 18 岁，最大年龄是 66 岁'
```

在上面的示例中，位于 % 运算符右侧的字母表示转换类型，字母 d 表示有符号的十进制整数。如果将其改为字母 o，则表示将值转换为八进制数。改为字母 x 或 X 表示将值转换为十六进制数。在交互模式中输入下面的代码，将十进制数字 18 和 66 转换为八进制数字 22 和 102。

```
>>> '最小年龄是 %o 岁，最大年龄是 %o 岁' % (18, 66)
'最小年龄是 22 岁，最大年龄是 102 岁'
```

在字符串内部添加的转换标记符必须以 % 运算符开头，并以字母 d、o 或其他有效的表示转换类型的字母结尾，在它们之间还可以添加表示其他含义的字符。例如，在交互模式中输入下面的代码，表示将每个数字显示为 3 位，位数不够时将在数字开头填充 0。在该代码中，% 运算符右侧的第一个数字 0 表示在值的开头填充 0，第二个数字 3 表示值的位数。

```
>>> '最小年龄是 %03d 岁，最大年龄是 %03d 岁' % (18, 66)
'最小年龄是 018 岁，最大年龄是 066 岁'
```

如果指定了值的长度，但是没有指定长度不够时在值的开头填充的符号，则在值的长度不够时，会在每个值的开头自动添加指定数量的空格。下面的代码将值的长度设置为 3，由于每个值只有两位数，而且又没有指定使用 0 进行填充，所以，自动在每个两位数的开头添加一个空格。

```
>>> '最小年龄是%3d岁，最大年龄是%3d岁' % (18, 66)
'最小年龄是 18 岁，最大年龄是 66 岁'
```

同理，也可以设置小数在字符串中的小数位数。在交互模式中输入下面的代码，将字符串中每个小数的位数设置为两位，Python 会根据保留的小数位数自动进行四舍五入。由于本例要替换的值是小数，所以，需要将格式标记符中的最后一个字母改为 f，该字母表示浮点数。

```
>>> '最小数字是%.2f，最大数字是%.2f' % (18.123, 66.126)
'最小数字是18.12，最大数字是66.13'
```

上面的示例都是通过位置依次插入特定的值。实际上，也可以在 % 运算符的右侧指定特定的名称，并将名称放入一对圆括号中，以便通过关键字插入特定的值。在交互模式中输入下面的代码，将要插入的值以多对键和值的形式组成一个字典，然后在字符串中将每个值对应的键输入到 % 运算符的右侧，以便根据键的名称在字典中找到对应的值，并将其插入到字符串中的特定位置。

```
>>> '最小年龄是%(min)d岁，最大年龄是%(max)d岁' % {'max': 66, 'min': 18}
'最小年龄是18岁，最大年龄是66岁'
```

3.4.2 使用 format 方法

使用 % 运算符格式化字符串是从一开始就出现在 Python 中的方法，在后来的 Python 版本中还可以使用字符串对象的 format 方法格式化字符串。使用 format 方法时，在字符串内部使用成对的花括号代替 % 运算符，在字符串外部使用 format 方法指定要插入字符串中的值，将这些值设置为 format 方法的参数。

在交互模式中输入下面的代码，实现与 3.4.1 小节相同的功能，此处使用的是 format 方法。

```
>>> '最小年龄是{0}岁，最大年龄是{1}岁'.format(18, 66)
'最小年龄是18岁，最大年龄是66岁'
```

位于两个花括号中的 0 和 1 表示索引号，它们分别引用 format 方法中的第一个参数和第二个参数，第一个参数的索引号是 0，第二个参数的索引号是 1，其他的索引号以此类推。

如果 format 方法的各个参数的排列顺序就是要插入到字符串中的次序，则无须在字符串的花括号中指定索引号，Python 会按照花括号在字符串中出现的顺序依次插入 format 方法中的各个参数的值。

```
>>> '最小年龄是{}岁，最大年龄是{}岁'.format(18, 66)
```

```
'最小年龄是 18 岁，最大年龄是 66 岁'
```

与上面的示例相反，在字符串中可以任意指定索引号，Python 会在 format 方法中找到与索引号匹配的参数，并将其值插入到字符串中的对应位置。

```
>>> '最小年龄是 {1} 岁，最大年龄是 {0} 岁'.format(66, 18)
'最小年龄是 18 岁，最大年龄是 66 岁'
```

也可以在花括号中输入特定的名称，以关键字的形式插入特定的值。

```
>>> '最小年龄是 {min} 岁，最大年龄是 {max} 岁'.format(max=66, min=18)
'最小年龄是 18 岁，最大年龄是 66 岁'
```

还可以混合使用位置和关键字两种形式来插入多个值。使用这种形式插入多个值时，在 format 方法的参数中通过关键字指定的值必须位于通过索引号指定的值的后面。在本例中，42 是通过索引号指定的值，而 66 和 18 是通过关键字指定的值。

```
>>> '最小年龄是 {min} 岁，最大年龄是 {max} 岁，平均年龄是 {0} 岁'.format(42, max=66, min=18)
'最小年龄是 18 岁，最大年龄是 66 岁，平均年龄是 42 岁'
```

如需将一个序列对象中的特定元素插入到字符串中，可以在字符串内部的花括号中使用方括号指定该元素在序列对象中的索引号。在交互模式中输入下面的代码，从 format 方法的参数中获取两个字符串的第一个字符，并将它们插入到特定的位置。代码中的 {0[0]} 引用的是字符串 Song 的第一个字符，花括号中的第一个 0 表示 format 方法的第一个参数所对应的字符串，第二个 0 表示该字符串中索引号为 0 的字符，{1[0]} 的含义与此类似。

```
>>> '姓的首字母是 {0[0]}，名的首字母是 {1[0]}'.format('Song', 'Xiang')
'姓的首字母是 S，名的首字母是 X'
```

如需引用序列对象的最后一个元素，可以使用索引号 -1，但是这种用法直接在字符串内部使用时将导致程序出错。此时需要在字符串外部使用，如以下代码：

```
>>> '姓的最后一个字母是 {0}，名的最后一个字母是 {1}'.format('Song'[-1], 'Xiang'[-1])
'姓的最后一个字母是 g，名的最后一个字母是 g'
```

使用 format 方法也可以实现与 % 运算符类似的字符串格式，包括对齐方式、字符串的总长度、填充、小数精度等。在交互模式中输入下面的代码，可将每个表示年龄的数字设置为 3 位数，不足 3 位时在数字开头填充 0。

使用 format 方法设置格式时，在表示位置或关键字的字符和后面表示特定格式的字符之间使用冒号分隔。在本例的第一个花括号中，冒号左侧的数字是位置索引号，引用 format 方法的第一个参数，冒号右侧的 0 表示在位数不足时填充 0，冒号右侧的 3 表示将数字设置为 3 位数。第二个花括号的含义与此类似，唯一区别是引用 format 方法的第二个参数。

```
>>> '最小年龄是 {0:03} 岁，最大年龄是 {1:03} 岁'.format(18, 66)
'最小年龄是 018 岁，最大年龄是 066 岁'
```

下面的代码将字符串的长度设置为 11 位，将其靠右对齐，由于本例中的数字只有 3 位，所以，将自动在数字开头填充 8 个 *。

```
>>> '{0:*>11}'.format(666)
'********666'
```

下面的代码将同一个数字显示为不同进制的数字。

```
>>> '{0:b}, {0:o}, {0:x}'.format(255)
'11111111, 377, ff'
```

在上面几个示例中，为数字设置格式使用以下基本结构：

索引号或关键字：填充标识符　对齐标识符　字符串长度　数制标识符

- 填充标识符：有效的字符。
- 对齐标识符：> 表示右对齐，< 表示左对齐，^ 表示居中对齐。
- 字符串长度：有效的数字。
- 数制标识符：字母 b 表示二进制，字母 o 表示八进制，字母 d 表示十进制，字母 x 表示十六进制。

3.4.3　使用 f 字符串

如果在字符串的开头添加字母 f 或 F，则可以使用与 format 方法类似的处理方式，对字符串进行格式化，可以将这种方式称为 "f- 字符串"。这种方式与 format 方法最大的区别是，可以直接在要格式化的字符串的花括号中设置格式化表达式，而不像使用 format 方法时的花括号只是在字符串中起到占位的作用，格式化表达式则需要作为 format 方法的参数进行传递。除此之外，使用 f- 字符串设置格式化表达式时所需的各种标识符与使用 % 运算符和 format 方法时的类似。

下面的代码使用 f- 字符串实现与前面示例相同的效果。

示例 1：

```
>>> f' 最小年龄是 {18} 岁，最大年龄是 {66} 岁 '
' 最小年龄是 18 岁，最大年龄是 66 岁 '
```

示例 2：

```
>>> x = 18
>>> y = 66
>>> f' 最小年龄是 {x} 岁，最大年龄是 {y} 岁 '
' 最小年龄是 18 岁，最大年龄是 66 岁 '
```

示例 3：

```
>>> f" 姓的首字母是 {'Song'[0]}，名的首字母是 {'Xiang'[0]}"
```

'姓的首字母是 S，名的首字母是 X'

示例 4：

```
>>> first = 'Song'
>>> last = 'Xiang'
>>> f'姓的首字母是 {first[0]}，名的首字母是 {last[0]}'
'姓的首字母是 S，名的首字母是 X'
```

示例 5：

```
>>> f'最小年龄是 {18:03} 岁，最大年龄是 {66:03} 岁 '
'最小年龄是 018 岁，最大年龄是 066 岁 '
```

第 4 章　列表和元组

与字符串类似，列表和元组也是序列对象。序列对象支持的操作同样适用于列表和元组，如索引和切片。然而，列表和元组有一个显著区别：列表是可变对象，可以原地修改，而元组是不可变对象，不能原地修改。在列表和元组中可以包含一个或多个元素，这些元素可以是相同类型的对象，也可以是不同类型的对象。本章将介绍在 Python 中处理列表和元组的方法。

4.1　创建列表

在 Python 中创建列表有多种方法，可以创建空列表，也可以创建包含一个或多个元素的列表；可以手动输入列表的元素，也可以将现有的序列对象转换为列表。

4.1.1　创建空列表

在 Python 中处理列表之前，需要先创建一个列表，这是在 Python 中无须声明即可直接使用变量的前提条件。由于最初可能无法确定在列表中包含哪些元素，所以，创建一个不包含任何元素的空列表是有用的。创建空列表有以下两种方法：

- 输入一对方括号，其中不包含任何内容。
- 使用 Python 内置的 list 函数，不为该函数提供参数。

在交互模式中输入下面的代码，使用第一种方法创建一个空列表，并将该列表赋值给一个变量。

```
>>> names = []
```

下面的代码使用 Python 内置的 list 函数创建一个空列表。

```
>>> names = list()
```

输入变量名时，将显示刚才为其赋值的空列表，它是一对方括号。

```
>>> names
[]
```

4.1.2　创建包含一个或多个元素的列表

如果一开始就知道列表中包含哪些元素，则可以直接创建包含这些元素的列表。如果列表中的元素毫无规律可循且具有不同的数据类型，则通常需要在创建列表时手动输入其中的每个元素，并使用逗号分隔各个元素。

在交互模式中输入下面的代码，将创建一个包含 3 个元素的列表，这 3 个元素是一个字符串和两个数字。

```
>>> names = ['sx', 666, 888]
```

如果列表只包含一个元素，则只需将其放置到一对方括号中，即可创建该列表。

```
names = ['sx']
```

使用 Python 内置的 list 函数可以直接将现有的序列对象转换为列表。下面的代码将字符串中的每一个字符转换为列表中的元素。

```
>>> names = list('python')
>>> names
['p', 'y', 't', 'h', 'o', 'n']
```

如需创建一个包含数字 1 ～ 9 的列表，可以使用 Python 内置的 range 函数，并将该函数的返回值作为 list 函数的参数。在本例中，为 range 函数设置的参数 10 是将要创建的数字上限，但是不包括该数字。在第 6 章介绍 for 循环时会详细介绍 range 函数的更多用法。

```
>>> list(range(1, 10))
[1, 2, 3, 4, 5, 6, 7, 8, 9]
```

由于 list 函数的参数必须是序列对象，所以，在创建上面的数字列表时，使用下面的代码将导致程序出错，这是因为数字不是序列对象。

```
>>> list(123456789)
```

如果将数字放在一对单引号中将其转换为字符串，则可以创建列表，但是创建后的列表中的每个数字是字符串类型，如以下代码所示：

```
>>> list('123456789')
['1', '2', '3', '4', '5', '6', '7', '8', '9']
```

4.1.3　创建嵌套列表

列表中的元素可以是任何数据类型，如果列表中的元素是列表，则将创建内外嵌套在一起的多层列表。在交互模式中输入下面的代码，将创建一个嵌套列表，外层列表包含两个元素，每个元素都是一个列表。这两个列表各自都包含 3 个元素，每个元素都是一个数字。

```
>>> numbers = [[1, 2, 3], [4, 5, 6]]
>>> numbers
[[1, 2, 3], [4, 5, 6]]
```

也可以使用 list 函数和 range 函数创建上面的嵌套列表，代码如下：

```
>>> numbers = [list(range(1, 4)), list(range(4, 7))]
>>> numbers
[[1, 2, 3], [4, 5, 6]]
```

使用索引可以访问外层列表中的元素。下面的代码获取刚才创建的嵌套列表中的第二个元素，即内层的第二个列表。

```
>>> numbers[1]
[4, 5, 6]
```

如需访问内层列表中的元素，需要使用两次索引。下面的代码获取刚才创建的嵌套列表中的第二个内层列表中的第三个元素。

```
>>> numbers[1][2]
6
```

如果嵌套列表不止两层，则在访问最内层列表中的元素时，需要使用更多次的索引。下面的代码创建了一个嵌套 3 层的列表，为了获取最内层的第二个列表中的第一个元素，需要使用 3 次索引，第一个索引号 0 表示获取外层列表中的第一个元素，即列表 [[1, 2], [3, 4]]。第二个索引号 1 表示获取列表 [[1, 2], [3, 4]] 中的第二个元素，即列表 [3, 4]。第三个索引号 0 表示获取列表 [3, 4] 中的第一个元素，即数字 3。

```
>>> numbers = [[[1, 2], [3, 4]], [[5, 6], [7, 8]]]
>>> numbers[0][1][0]
3
```

4.1.4 创建符合特定条件的列表

如需使列表中的所有元素符合特定的条件，可以使用列表推导式创建列表。列表推导式实际上是第 6 章介绍的 for 语句的简化版本，它只需要一个表达式即可完成需要编写几行代码的 for 语句才能实现的功能。由于列表推导式是一个表达式，所以，可以将其结果赋值给一个变量，这也正是列表推导式的灵活之处。

以 4.1.2 小节中的最后一个示例为例，由于 list 函数的参数必须是序列对象，所以，可以将由数字 1 ~ 9 组成的 9 位数放在一对单引号中，将其转换为字符串，然后将该数字的字符串形式作为 list 函数的参数，这样创建出的列表中的每个元素都是字符串而非数字。

为了将列表中每个字符串类型的数字转换为真正的数字，可以使用 int 函数逐个将列表中的每个元素转换为整数。直接对转换后的整个列表使用该函数将导致程序出错，可以使用列表推导式解决该问题。在交互模式中输入下面的代码，将创建一个包含数字 1 ～ 9 的列表，并将每个字符串类型的数字转换为真正的数字。

```
>>> [int(x) for x in list('123456789')]
[1, 2, 3, 4, 5, 6, 7, 8, 9]
```

在上面的代码中，将列表推导式中的所有内容放入一对方括号中，以表明将要创建的是一个列表。在方括号中，开头部分的 int(x) 表示将每个元素转换为整数。从 for 开始直到结尾部分表示使用变量 x 逐一引用由 list 函数创建的列表中的每个字符串格式的元素，然后使用 int 函数将每个元素转换为整数。当引用并处理完列表中的最后一个元素后，该列表推导式将结束运行，生成的就是由数字 1 ～ 9 组成的列表。

虽然目前还未介绍 for 语句，但是此处给出使用 for 语句实现相同功能所需的代码，从而可以清晰对比列表推导式和 for 语句之间的差异。使用 for 语句需要 3 行代码，第一行代码将一个空列表赋值给变量 numbers。第二行代码与列表推导式中的第二部分类似，用于使用一个变量逐一引用由 list 函数创建的列表中的每个字符串类型的数字。第三行代码使用列表对象的 append 方法在列表末尾中添加新的元素，每次添加的元素是使用 int 函数将字符串类型转换为整数类型后的数字。由于 for 语句是复合语句，所以，在 for 语句第二行的开头会显示次要提示符。

```
>>> numbers = []
>>> for x in list('123456789'):
...     numbers.append(int(x))
```

下面的代码创建一个包含数字 10 ～ 90 的列表，本例与上一个示例类似，只是在列表推导式中的开头部分加入了 *10，表示对每个元素乘以 10。

```
>>> [int(x)*10 for x in list('123456789')]
[10, 20, 30, 40, 50, 60, 70, 80, 90]
```

下面的代码创建了一个更复杂的列表，其中增加了一个由 if 语句指定的判断条件，将数字 1 ～ 9 中的所有偶数创建为列表中的元素。

```
>>> [int(x) for x in list('123456789') if int(x) % 2 == 0]
[2, 4, 6, 8]
```

列表推导式是一种便捷强大的功能，使用该功能可以显著缩短代码长度。

4.2 使用序列对象的操作处理列表

列表是序列对象，所有适用于字符串的序列对象支持的操作也同样可用于列表，包括合并、重复、索引和切片等操作。

4.2.1 合并和重复列表

使用 + 运算符可以将两个列表合并为一个列表。在交互模式中输入下面的代码，将两个列表中的元素合并到一个列表中。

```
>>> [1, 2, 3] + [4, 5, 6]
[1, 2, 3, 4, 5, 6]
```

使用 * 运算符可以重复一个列表指定的次数。下面的代码将列表重复 3 次，并将 3 个完全相同的列表合并为一个列表。

```
>>> [1, 2, 3] * 3
[1, 2, 3, 1, 2, 3, 1, 2, 3]
```

4.2.2 获取列表中的一个或多个元素

与索引字符串中的单个字符类似，也可以使用相同的方法索引列表中的单个元素。在交互模式中输入下面的代码，将索引号设置为 1，从而获取列表中的第二个元素。

```
>>> numbers = list('大家好')
>>> numbers[1]
'家'
```

如需获取列表中的最后一个元素，可以将索引号设置为 -1。

```
>>> numbers[-1]
'好'
```

利用切片功能，可以一次性获取列表中连续的多个元素。下面的代码获取列表中的前两个元素。

```
>>> numbers[0:2]
['大', '家']
```

如需将获取出的两个独立元素合并为一个字符串，可以使用第 3 章介绍的 join 函数，代码如下：

```
>>> ''.join(numbers[0:2])
'大家'
```

4.2.3 修改列表中的元素

由于列表是可变对象，所以，可以直接修改列表中的一个或多个元素。在交互模式中输入下面的代码，将列表中的第一个元素由"大"改为"全"。

```
>>> numbers = list('大家好')
>>> numbers
['大', '家', '好']
>>> numbers[0] = '全'
>>> numbers
['全', '家', '好']
```

使用切片可以一次性修改多个元素，下面的代码将列表中的前两个元素改为"你"和"们"。

```
>>> numbers = list('大家好')
>>> numbers
['大', '家', '好']
>>> numbers[0:2] = list('你们')
>>> numbers
['你', '们', '好']
```

使用切片修改列表中的多个元素时，如果等号右侧的元素总数与等号左侧通过切片获得的元素总数不相同，则将自动对列表执行添加或删除元素的操作。下面的代码将自动删除列表中的第二个元素，这是因为等号左侧切片出两个元素，但是等号右侧只有一个元素，由于无法为第二个元素赋值，所以，自动删除该元素，最后得到的列表只剩下两个元素。

```
>>> numbers = list('大家好')
>>> numbers
['大', '家', '好']
>>> numbers[0:2] = list('你')
>>> numbers
['你', '好']
```

如果等号右侧的元素总数多于等号左侧切片出的元素总数，则将多出的元素插入列表中的特定位置，该位置由切片位置决定。下面的代码除了修改列表中的前两个元素，还将多出的两个元素添加到已修改的那两个元素的后面。

```
>>> numbers = list('大家好')
>>> numbers
['大', '家', '好']
>>> numbers[0:2] = list('你们特别')
>>> numbers
['你', '们', '特', '别', '好']
```

4.3 使用列表对象的方法处理列表

与字符串对象类似，列表对象也提供了大量的方法，用于对列表中的元素执行添加、搜索、删除等操作。

4.3.1 在列表末尾添加一个元素

使用 append 方法可以在列表的末尾添加一个元素。在交互模式中输入下面的代码，首先创建一个包含两个元素的列表，然后在列表末尾添加一个元素，此时列表包含 3 个元素。

```
>>> numbers = [1, 2]
>>> numbers.append(3)
>>> numbers
[1, 2, 3]
```

4.3.2 在列表中添加一系列元素

使用 extend 方法可以将一个序列对象中的各个元素添加到列表中，即将一个序列对象合并到一个列表中。合并后，该序列对象中的每个元素被添加到列表末尾。在交互模式中输入下面的代码，将包含 3 个元素的列表合并到名为 numbers 的列表中。

```
>>> numbers = [1, 2]
>>> numbers.extend([3, 4, 5])
>>> numbers
[1, 2, 3, 4, 5]
```

由于字符串也是序列对象，所以，可以将一个字符串合并到一个列表中。合并后，该字符串中的每个字符都是列表中的一个元素。

```
>>> numbers = [1, 2]
>>> numbers.extend('345')
>>> numbers
[1, 2, '3', '4', '5']
```

4.3.3 在列表中的特定位置插入元素

除了在列表末尾添加元素，还可以使用 insert 方法在列表中的特定位置插入元素。该方法有两个参数，第一个参数表示要在列表中插入元素的索引号，第二个参数表示要插入的元素。在交互模式中输入下面的代码，由于将第一个参数设置为 0，所以，将在列表的开头插入一个元素。

```
>>> numbers = [1, 2, 3]
>>> numbers.insert(0, 0)
>>> numbers
[0, 1, 2, 3]
```

下面的代码将在列表中的第二个元素的前面插入一个元素。

```
>>> numbers = [1, 2, 3]
>>> numbers.insert(1, 666)
>>> numbers
[1, 666, 2, 3]
```

如果将 insert 方法的第一个参数设置为列表中的元素总数，则表示在列表末尾插入元素，此时与 append 方法的功能相同。

```
>>> numbers = [1, 2, 3]
>>> numbers.insert(len(numbers), 666)
numbers
[1, 2, 3, 666]
```

4.3.4　统计列表中特定元素的个数

使用 count 方法可以统计列表中特定元素的个数，即某个元素在列表中出现的次数。在交互模式中输入下面的代码，分别统计列表中数字 2 和 3 的个数。

```
>>> numbers = [1, 2, 2, 3, 3, 3]
>>> numbers.count(2)
2
>>> numbers.count(3)
3
```

4.3.5　对列表中的元素排序

使用 sort 方法可以对列表中的元素排序，该方法有两个参数：第一个参数 key 表示排序条件；第二个参数 reverse 是一个布尔值，为 True 时表示降序排列所有元素，为 False 时表示升序排列所有元素，省略该参数时默认为 False。两个参数都是关键字参数，这意味着设置参数时，必须输入参数的名称和一个等号，在等号右侧输入参数的值。在交互模式中输入下面的代码，默认按照升序排列数字。

```
>>> numbers = [1, 3, 2]
>>> numbers.sort()
```

```
>>> numbers
[1, 2, 3]
```

如需按照降序排列数字,可以将 sort 方法的第二个参数设置为 True,代码如下:

```
>>> numbers = [1, 3, 2]
>>> numbers.sort(reverse=True)
>>> numbers
[3, 2, 1]
```

对字符串排序时,可能希望按照每个字符串的首字母进行排序,如果列表中的各个元素既有以大写字母开头,又有以小写字母开头时,则可能无法得到预期的排序结果。下面的代码先使用 list 函数将一个字符串创建为列表,然后对该列表按升序排列。在排序后的列表中,大写字母排在前面,小写字母排在后面,说明 sort 方法默认使用 ASCII 字符顺序对字符串排序。

```
names = list('AbCdEfG')
names.sort()
names
['A', 'C', 'E', 'G', 'b', 'd', 'f']
```

如需按照普通的字典顺序排列字符串,可以用 sort 方法设置第一个参数 key,本例将该参数设置为 str.upper,表示先将每个字符串转换为大写字母,然后进行排序。也可将其设置为 str.lower。转换只存在于排序时,排序后不会改变列表元素原来的大小写格式。

```
names = list('AbCdEfG')
names.sort(key=str.upper)
names
['A', 'b', 'C', 'd', 'E', 'f', 'G']
```

Python 内置的 sorted 函数与列表对象的 sort 方法具有相同的功能,且具有类似的参数,但是它们有以下两个区别:

- 使用 sorted 函数可以对任何序列对象排序,而使用 sort 方法只能对列表排序。
- 使用 sorted 函数排序后将创建新的列表,不会改变原来的列表,而使用 sort 方法直接原地修改列表,原来的列表变成排序后的状态。

下面的代码使用 Python 内置的 sorted 函数对前面的示例进行排序。

```
>>> names = list('AbCdEfG')
>>> sorted(names)
['A', 'C', 'E', 'G', 'b', 'd', 'f']
>>> names
['A', 'b', 'C', 'd', 'E', 'f', 'G']
```

4.3.6　将列表中的所有元素反向排列

使用 reverse 方法可以将列表中的所有元素反向排列。在交互模式中输入下面的代码，将列表中的 3 个数字反向排列。

```
numbers = [1, 3, 2]
numbers.reverse()
numbers
[2, 3, 1]
```

4.3.7　删除列表中特定位置上的元素

使用 pop 方法将删除列表中特定位置上的元素，并返回该元素。pop 方法有一个参数，用于指定要删除的元素对应的索引号。在交互模式中输入下面的代码，删除列表中索引号为 1 的元素，即列表中的第二个元素。

```
>>> numbers = [100, 200, 300]
>>> numbers.pop(1)
200
>>> numbers
[100, 300]
```

如果在使用 pop 方法时不指定索引号，则默认删除列表中的最后一个元素。

```
>>> numbers = [100, 200, 300]
>>> numbers.pop()
300
>>> numbers
[100, 200]
```

使用列表对象的 append 方法和 pop 方法可以实现堆栈。使用 append 方法可以在栈顶添加一个元素，使用 pop 方法可以从栈顶提取一个元素，即实现"后进先出"功能。

```
>>> stack = [100, 200]
>>> stack.append(300)
>>> stack
[100, 200, 300]
>>> stack.pop()
300
>>> stack
[100, 200]
```

4.3.8 删除列表中第一个与特定值匹配的元素

使用 remove 方法将删除列表中第一个与特定的值相匹配的元素。在交互模式中输入下面的代码，将列表中的第一个数字 2 删除，该数字在列表中出现过 3 次。

```
>>> numbers = [1, 2, 3, 2, 3, 2, 1]
>>> numbers.remove(2)
>>> numbers
[1, 3, 2, 3, 2, 1]
```

如果在列表中找不到指定的值，则将导致程序出错。

4.3.9 删除列表中的所有元素

使用 clear 方法将删除列表中的所有元素。在交互模式中输入下面的代码，将名为 numbers 的列表中的所有元素删除，得到一个空列表。

```
>>> numbers = [1, 2, 3]
>>> numbers.clear()
>>> numbers
[]
```

使用 del 语句也可以实现相同的功能，下面的代码使用 del 语句删除列表中的所有元素。

```
>>> numbers = [1, 2, 3]
>>> del numbers[:]
>>> numbers
[]
```

下面的代码将名为 numbers 的列表删除，以后输入 numbers 时将导致程序出错，因为该列表已不复存在。

```
del numbers
```

4.3.10 创建列表的副本

由于列表是可变对象，对列表执行的操作会直接修改列表本身。如果使用多个变量引用同一个列表，则列表的修改结果会自动反馈给所有引用该列表的变量，这可能会导致一些无法预料的问题。为了避免这种情况发生，可以先为列表创建一个副本，然后对列表的副本执行所需的操作。

使用列表对象的 copy 方法，可以为列表创建副本。在交互模式中输入下面的代码，为名为 numbers 的列表创建一个副本 n。

```
>>> numbers = [1, 2, 3]
>>> n = numbers.copy()
>>> n
[1, 2, 3]
```

实际上，对列表进行完整切片，也可以为列表创建副本，代码如下：

```
>>> numbers = [1, 2, 3]
>>> n = numbers[:]
>>> n
[1, 2, 3]
```

对列表的副本执行任何操作，只会修改该副本，而不会影响原来的列表。

4.4　创建元组

创建元素的方法与列表类似，可以创建空元组或包含元素的元组。元组中的元素可以手动输入，也可以将序列对象转换为元组中的元素。

4.4.1　创建空元组

创建空元组有以下两种方法：
- 输入一对圆括号，其中不包含任何内容。
- 使用 Python 内置的 tuple 函数，不为该函数提供参数。

在交互模式中输入下面的代码，使用第一种方法创建一个空元组，并将该元组赋值给一个变量。

```
>>> names = ()
```

下面的代码使用 Python 内置的 tuple 函数创建一个空元组。

```
>>> names = tuple()
```

输入变量名时，将显示刚才为其赋值的空元组，它是一对圆括号。

```
>>> names
()
```

4.4.2　创建包含一个或多个元素的元组

如果元组只包含一个元素，则可以将元素输入一对圆括号中，并在该元素的右侧输入一个英文逗号。在交互模式中输入下面的代码，将创建只有一个元素的元组。

```
>>> numbers = (3,)
```

注意：当元组只包含一个元素时，只有在该元素的右侧输入一个逗号，才会被 Python 识别为元组。如果省略逗号，则只是将一个值赋值给变量，并未创建元组。

如需创建包含两个或多个元素的元组，一种方法是将所有元素手动输入一对圆括号中，并在各个元素之间使用逗号分隔。下面的代码将创建一个包含 3 个数字的元组。

```
>>> numbers = (1, 2, 3)
```

与列表类似，如需创建由连续整数组成的元组，仍然可以使用 range 函数。下面的代码仍然创建上面示例中由 3 个数字组成的元组，但是此处使用 range 函数自动生成 3 个数字。如需创建由大量数字组成的元组，使用该方法比手动输入所有数字更有效率。

```
>>> numbers = tuple(range(1, 4))
>>> numbers
(1, 2, 3)
```

使用 Python 内置的 tuple 函数可以直接将现有的序列对象转换为元组，正如上一个示例所示。下面的代码将字符串中的每个字符转换为元组中的每个元素。

```
>>> names = tuple('python')
>>> names
('p', 'y', 't', 'h', 'o', 'n')
```

4.5　打包和解包元组

元组的打包和解包为多个值和多个变量之间的赋值操作提供了方便，可以使代码更简洁。

4.5.1　打包元组

打包元组实际上是创建元组的一种便捷方式。在交互模式中输入下面的代码，将 3 个数字一次性赋值给一个变量，3 个数字之间使用逗号分隔，该行代码将创建一个元组，输入的 3 个数字是元组中的 3 个元素。

```
>>> numbers = 1, 2, 3
>>> numbers
(1, 2, 3)
```

4.5.2　解包元组

解包元组是一次性将元组中的每个元素赋值给一个变量。在交互模式中输入下面的代码，将等号右侧的元组中的 3 个数字分别赋值给 x、y 和 z 三个变量。等号左侧是使用逗号分隔的多个变量，等号右侧是引用元组的变量，该元组包含的元素总数必须与等号左侧的变量数量相同，否则将导致程序出错。

```
>>> numbers = 1, 2, 3
>>> x, y, z = numbers
>>> x
1
>>> y
2
>>> z
3
```

解包元组的方法也适用于字符串、列表等序列对象。下面的代码将字符串中的两个字符分别赋值给两个变量。

```
>>> n1, n2 = 'sx'
>>> n1
's'
>>> n2
'x'
```

下面的代码将列表中的 3 个元素分别赋值给 3 个变量。

```
>>> x, y, z = list('你们好')
>>> x
'你'
>>> y
'们'
>>> z
'好'
```

利用元组的多重赋值功能，可以很容易交换多个变量的值。下面的代码交换两个变量的值。之所以能够正确交换两个变量的值，是因为 Python 会创建一个临时的元组，用于存储两个变量原始的值。

```
>>> x = 10
>>> y = 100
>>> x, y = y, x
>>> x
100
>>> y
10
```

技巧：在等号左侧的某个变量开头添加一个星号，可以打破等号左右两侧的变量与值的数量必须相同的规则，这项功能称为"扩展解包"。下面的代码在等号左侧只提供了两个变量，等号右侧有 3 个值，由于在第二个变量开头添加了一个星号，所以，Python 会将第一个值赋值给第一个变量，将剩下的两个值赋值给第二个变量。

```
>>> numbers = 1, 2, 3
>>> x, *y = numbers
>>> x
1
>>> y
[2, 3]
```

如果带星号的变量出现在变量列表的开头，则会将其他变量与后几个值一一配对，而将开头的所有值都赋值给带有星号的第一个变量。

```
>>> numbers = 1, 2, 3
>>> *x, y = numbers
>>> x
[1, 2]
>>> y
3
```

当带星号的变量出现在变量列表的中间位置时，匹配规则与前两种情况类似，将其他变量与值列表中的开头和结尾等同数量的值匹配后，剩下的中间位置上的所有值都赋值给带星号的变量。

```
>>> numbers = 1, 2, 3, 4, 5, 6
>>> x, *y, z =numbers
>>> x
1
>>> y
[2, 3, 4, 5]
>>> z
6
```

注意：在等号左侧的多个变量中，只能为其中一个变量添加星号。如果为多个变量添加星号，则将导致程序出错。

4.6 混合使用列表和元组

本节将介绍列表和元组的一些编程技巧，使用它们可以实现一些通过常规方法很难或无法完成的任务。

4.6.1　借助列表修改元组中的元素

由于元组是不可变对象，所以，无法直接修改元组中的元素，如在元组中添加或删除元素。如果元组中的每个元素也是不可变对象，则不能直接修改这些元素的值。利用列表，可以迂回实现上述这些修改任务。

在交互模式中输入下面的代码，首先创建一个名为 numbers 的元组，其中包含数字 1 ~ 3 三个元素。然后使用 list 函数将该元组转换为列表，接着将列表中索引号为 1 的元素的值修改为 666，最后使用 tuple 函数将该列表转换为元组。

```
>>> numbers = 1, 2, 3
>>> temp = list(numbers)
>>> temp[1] = 666
>>> numbers = tuple(temp)
>>> numbers
(1, 666, 3)
```

另一种修改元组的方法是直接将新的元组赋值给保存旧元组的变量，使用新元组替换旧元组，所以下面的代码也可以实现上面示例中的功能。在实际应用中，如果不知道整个元组的内容，而只是想修改其中某个位置上的元素，则上面介绍的方法是有用的。

```
>>> numbers = 1, 2, 3
>>> numbers = 1, 666, 3
>>> numbers
(1, 666, 3)
```

如果元组中的元素是可变对象，如列表，则可以直接修改这类元素的值，方法与修改列表中的元素类似。下面的代码修改元组中的第二个元素，该元素是一个列表，该代码将列表中的第三个元素的值从 4 改为 666。引用该元素的方法与本章前面介绍的引用嵌套列表中的元素相同，需要使用多个索引号，逐级引用不同级别的元素。

```
>>> numbers = (1, [2, 3, 4], 5)
>>> numbers[1][2] = 666
>>> numbers
(1, [2, 3, 666], 5)
```

4.6.2　将多个列表中相同位置上的元素合并到一起

如果有两组数据，希望分别将每组中对应的两个数据编为一组。例如，变量 names 保存一组商品的名称，变量 quantities 保存该组商品的数量。在交互模式中输入下面的代码，使用 Python 内置的 zip 函数将每个商品及其数量单独分为一组。

```
>>> names = ['电视', '冰箱', '空调']
```

```
>>> quantities = [30, 60, 90]
>>> list(zip(names, quantities))
[('电视 ', 30), ('冰箱 ', 60), ('空调 ', 90)]
```

为了正确显示 zip 函数的返回值，必须在其外面套用 list 函数，将 zip 函数的返回值创建为一个列表，列表中的每个元素是由商品名称及其数量组成的元组。如需将 zip 函数的返回值创建为元组，则可以在该函数外面套用 tuple 函数。套用 dict 函数将创建字典，字典的详细内容将在第 5 章介绍。

第 5 章　字典和集合

与字符串、列表和元组等序列对象不同,字典是映射对象而非序列对象,字典中的数据通过键来定位,而不是使用表示位置的索引号。字典中的每个元素都由键和值两个部分组成。字典中的每个键都是唯一的,通过唯一的键可以快速找到与其关联的值。与列表类似的是,字典也是可变对象,可以直接修改字典中的数据。集合相当于没有键的字典,在集合中只有值。本章将介绍在 Python 中处理字典和集合的方法。

5.1　创建字典

与创建字符串、列表和元组的方法类似,在 Python 中创建字典也有多种方法,只不过创建字典涉及更多的操作,这是因为字典中的每个元素都包含键和值两个部分。

5.1.1　创建空字典

创建空字典有以下两种方法:
- 输入一对花括号,其中不包含任何内容。
- 使用 Python 内置的 dict 函数,不为该函数提供参数。

在交互模式中输入下面的代码,使用第一种方法创建一个空字典,并将该字典赋值给一个变量。

```
>>> data = {}
```

下面的代码使用 Python 内置的 dict 函数创建一个空字典。

```
>>> data = dict()
```

输入变量名时,将显示刚才为其赋值的空字典,它是一对花括号。

```
>>> data
{}
```

5.1.2　创建包含一个或多个元素的字典

创建包含一个或多个元素的字典有以下几种方法:

- 手动输入花括号和字典中的元素。
- 使用 dict 函数将关键字参数创建为字典。
- 使用 dict 函数将序列对象转换为字典。
- 使用 dict 函数和 zip 函数创建字典。

下面分别介绍如何使用上面几种方法创建字典。

1. 手动输入花括号和字典中的元素

创建字典最直接的方法是输入一对花括号，并在其中输入元素。元素中的键和值之间使用英文冒号分隔，各个元素之间使用英文逗号分隔。在交互模式中输入下面的代码，创建一个只包含一个元素的字典，该元素的键是"牛奶"，值是 2。

```
>>> {'牛奶': 2}
{'牛奶': 2}
```

下面的代码创建包含 3 个元素的字典，其中的每个元素都由商品名称和单价组成。

```
>>> {'牛奶': 2, '酸奶': 3, '果汁': 5}
{'牛奶': 2, '酸奶': 3, '果汁': 5}
```

2. 使用 dict 函数为关键字参数创建为字典

创建字典时，手动输入每项数据，以及引号、冒号和逗号是非常耗时的。使用 dict 函数可以使用类似于为变量赋值的格式将关键字参数及其值自动转换为字典中的键和值。下面的代码将创建与上面的示例完全相同的字典，为 dict 函数设置了 3 个参数，3 个参数将变成字典中的 3 个元素。在每个参数中，等号左侧的名称将创建为键，等号右侧的值将创建为值。

```
>>> dict(牛奶=2, 酸奶=3, 果汁=5)
{'牛奶': 2, '酸奶': 3, '果汁': 5}
```

3. 使用 dict 函数将序列对象转换为字典

使用 dict 函数还可以将序列对象转换为字典，该方法要求序列对象中的每个元素都由两个值组成，第一个值将被创建为字典中的键，第二个值将被创建为字典中的值。

```
>>> dict([('牛奶', 2), ('酸奶', 3), ('果汁', 5)])
{'牛奶': 2, '酸奶': 3, '果汁': 5}
```

4. 使用 dict 函数和 zip 函数创建字典

如果字典中的键和值分别位于两个序列对象中，则可以使用 zip 函数将两个序列对象中位于相同位置上的数据分为一组，然后使用 dict 函数将 zip 函数返回的值转换为字典。下面的代码创建的字典与前几个示例相同，首先创建分别表示商品名称和单价的两个列表，然后使用 zip 函数和 dict 函数将两个列表中的相关项创建为字典中的每个元素的键和值。

```
>>> names = ['牛奶', '酸奶', '果汁']
```

```
>>> prices = [2, 3, 5]
>>> dict(zip(names, prices))
{'牛奶': 2, '酸奶': 3, '果汁': 5}
```

　　提示：如果本例中的所有商品名称位于同一个字符串中，且名称之间使用逗号分隔，则可以使用字符串对象的 split 方法先将该字符串转换为列表，然后使用 dict 函数和 zip 函数将其创建为字典。如果各个商品名称之间使用其他符号分隔，则可将 split 方法的参数设置为相应的符号。

```
names = '牛奶, 酸奶, 果汁'.split(', ')
```

5.1.3　使用字典推导式创建字典

　　第 4 章曾经介绍过使用列表推导式创建列表的方法，使用类似的字典推导式也可以创建字典，创建后的字典中的元素都是通过推导式中的表达式计算出来的。在交互模式中输入下面的代码，使用变量 x 控制字典中每个元素的键和值，将变量 x 的值用作每个元素的键，将变量 x 的值进行平方用作每个元素的值，对变量 x 的两次引用之间使用冒号分隔。通过逐一引用由 list 函数和 range 函数构建的列表中的每个数字来得到变量 x 的值。

```
>>> {x: x**2 for x in list(range(1, 4))}
{1: 1, 2: 4, 3: 9}
```

　　如需在字典推导式中使用两个变量分别控制字典中的键和值，可以使用 zip 函数。下面的代码创建与 5.1.2 小节最后一个示例完全相同的字典，此处使用字典推导式和 zip 函数。

```
>>> {x: y for (x, y) in zip(names, prices)}
{'牛奶': 2, '酸奶': 3, '果汁': 5}
```

5.2　处理字典中的数据

　　与字符串和列表类似，可以使用字典对象提供的大量方法处理字典中的数据。除此之外，还可以使用其他一些功能处理字典中的数据。

5.2.1　在字典中添加或修改元素

　　由于字典是可变对象，所以，创建字典后，可以随时在字典中添加新的元素。如果最初创建的是一个空字典，则可以使用下面的代码在该字典中添加一个名为"牛奶"的键，并将该键的值设置为 2。

```
>>> products = {}
>>> products['牛奶'] = 2
>>> products
{'牛奶': 2}
```

如果在字典中已经存在名为"牛奶"的键，则执行上面的代码会将该键的值修改为 2。下面的代码先创建一个字典，其中只有一个元素，该元素的键是"牛奶"，值是 6。接下来的代码与上面的示例相同，由于字典中已经存在"牛奶"键，所以，后续代码将修改该键的值，而不是创建新的键。

```
>>> products = {'牛奶': 6}
>>> products
{'牛奶': 6}
>>> products['牛奶'] = 2
>>> products
{'牛奶': 2}
```

5.2.2 检测字典中是否存在指定的键

在对字典中的键执行某些操作时，如果指定的键不存在，则将导致程序出错。为了避免错误，可以在执行操作前使用 in 运算符检测某个键是否在字典中存在。下面的代码检测名为"酸奶"的键是否在字典中存在，如果存在，则修改该键的值；如果不存在，则显示一条信息。

```
>>> if '酸奶' in products:
...     products['酸奶'] = 10
... else:
...     '没有酸奶这种产品'
没有酸奶这种产品
```

提示：本例用到了 if 语句，该语句用于在程序中添加判断条件，根据判断结果选择执行不同的代码。第 6 章将详细介绍 if 语句。

5.2.3 获取字典中与特定键关联的值

如需在程序中使用字典中与特定键关联的值，可以输入字典变量的名称，并在右侧的方括号中输入键的名称。

```
>>> products['牛奶']
2
```

注意：如果获取的键不在字典中，则将导致程序出错。为了避免错误，可以使用 5.2.2 小节介绍的方法，先检测字典中是否存在指定的键。

5.2.4　获取字典中的所有键

使用 keys 方法可以获取字典中所有键的名称。在交互模式中输入下面的代码，首先创建一个包含 3 个元素的字典，然后使用 keys 方法获取这几个元素的键的名称。

```
>>> products = dict(牛奶=2, 酸奶=3, 果汁=5)
>>> products.keys()
dict_keys(['牛奶', '酸奶', '果汁'])
```

使用 Python 内置的 list 函数也可以获取字典中所有键的名称，如以下代码所示。但是 list 函数与 keys 方法返回的对象类型不同，list 函数返回的是列表对象，而 keys 方法返回的是字典视图对象。

```
>>> list(products)
['牛奶', '酸奶', '果汁']
```

获取字典中所有键的目的通常是在循环语句中，通过一个变量逐一引用获取到的每个键，对每个键及其关联的值执行特定的操作。下面的代码将字典中的每个商品的单价乘以 2。第 6 章将详细介绍 for 语句的用法。

```
>>> for k in products.keys():
...     products[k] = products[k] * 2
>>> products
{'牛奶': 4, '酸奶': 6, '果汁': 10}
```

技巧：可以将上面的第二行代码改成以下形式，该用法同样适用于加法、减法和除法。

```
products[k] *= 2
```

5.2.5　获取字典中的所有值

与 keys 方法类似，使用 values 方法可以获取字典中的所有值。在交互模式中输入下面的代码，对获取到的所有值求和，计算出所有商品的总数量。为了在代码中使用变量 count 时不会导致程序出错，需要先初始化该变量，即在第二行代码中将该变量赋值为 0。

```
>>> products = dict(牛奶=10, 酸奶=20, 果汁=30)
>>> count = 0
>>> for v in products.values():
```

```
...     count += v
>>> '所有商品的总数量：' + str(count)
'所有商品的总数量：60'
```

5.2.6 获取字典中的所有键和值

如需同时获取字典中的键和值，可以使用 items 方法。items 方法返回的对象由一个或多个元组元素组成，每个元组又由两个元素组成，其中的第一个元素是字典中的一个键，第二个元素是与该键关联的值。

在交互模式中输入下面的代码，使用自定义格式显示字典中所有商品的名称和数量。代码中使用 k 和 v 两个变量分别引用从字典中获取到的每对键和值，然后字符串对象的 format 方法自定义设置信息的显示方式。

```
>>> products = dict(牛奶=10, 酸奶=20, 果汁=30)
>>> for k, v in products.items():
...     '{}的数量是{}'.format(k, v)
'牛奶的数量是10'
'酸奶的数量是20'
'果汁的数量是30'
```

5.2.7 不存在指定的键时返回由用户设置的值

使用 get 方法不但可以实现 5.2.3 小节介绍的功能，即获取与指定的键关联的值，还可以在键不存在时返回预先设置的值，而不是导致程序出错。

```
>>> products = {'牛奶': 2}
>>> products.get('酸奶', '没有酸奶这种产品')
'没有酸奶这种产品'
```

另一个与 get 方法类似的方法是 setdefault，该方法与 get 方法的区别如下：当键不存在时，setdefault 方法将在字典中创建该键。下面的代码检测字典中是否存在酸奶这种产品，如果存在，则返回其单价，否则将在字典中创建该产品并设置其单价。

```
>>> products = {'牛奶': 2}
>>> products
{'牛奶': 2}
>>> products.setdefault('酸奶', 3)
3
>>> products
{'牛奶': 2, '酸奶': 3}
```

5.2.8　删除字典中的元素

使用 clear 方法将删除字典中的所有元素。在交互模式中输入下面的代码，删除名为 products 的字典中的所有元素，删除后得到的是一个空字典。

```
>>> products = {'牛奶': 10, '酸奶': 20, '果汁': 30}
>>> products.clear()
>>> products
{}
```

使用 del 语句可以删除字典中指定的元素。如果指定的键不存在，则将导致程序出错。下面的代码删除字典中名为"果汁"的键及其关联的值，为了避免程序出错，先使用 in 运算符检测在字典中是否存在该键。

```
>>> products = {'牛奶': 10, '酸奶': 20, '果汁': 30}
>>> if '果汁' in products:
...     del products['果汁']
>>> products
{'牛奶': 10, '酸奶': 20}
```

5.3　在字典中使用列表和元组

字典、列表和元组 3 种对象可以任意嵌套，从而实现复杂的数据结构。需要注意的是，由于字典由键和值两个部分组成，作为键的对象必须是不可变的，所以，数字、字符串或元组等不可变对象都可用作字典的键，而列表是可变对象，不能将其用作字典的键。

5.3.1　在字典中使用列表

由于列表是可变对象，所以，只能将列表用作字典的值。在交互模式中输入下面的代码，创建一个表示不同价格涉及哪些商品名称的字典，此处的价格用作字典的键，由同一种价格包含的一个或多个商品名称组成的列表用作字典的值。

```
>>> {3: ['牛奶', '矿泉水'], 6: ['果汁', '酸奶', '酸梅汤']}
```

如需使用更可读的格式显示字典中的数据，可以在 for 语句中使用两个变量分别引用每组键和值。

```
>>> products = {3: ['牛奶', '矿泉水'], 6: ['果汁', '酸奶', '酸梅汤']}
>>> for price, names in products.items():
...     for name in names:
```

```
...           '{0}的价格是{1}元'.format(name, price)
'牛奶的价格是3元'
'矿泉水的价格是3元'
'果汁的价格是6元'
'酸奶的价格是6元'
'酸梅汤的价格是6元'
```

如需将价格相同的多个商品合并到一行，可以将上面的代码修改为以下形式，使用两个变量分别引用字典中的每个键和值。由于每个值都是一个列表，所以，对引用值的变量使用字符串对象的 format 方法，将变量引用的列表中的所有元素合并为一个字符串，即多个商品名称组合在一起的形式。

```
>>> products = {3: ['牛奶', '矿泉水'], 6: ['果汁', '酸奶', '酸梅汤']}
>>> for price, names in products.items():
...           '{0}的价格是{1}元'.format(', '.join(names), price)
'牛奶, 矿泉水的价格是3元'
'果汁, 酸奶, 酸梅汤的价格是6元'
```

5.3.2　在字典中使用元组

由于元组是不可变对象，所以，可以将元组用作字典的键。在交互模式中输入下面的代码，创建一个字典，每个键都是一个由一对 x、y 坐标组成的元组，用于标识数据点在图表中的位置。

```
>>> products = {(3, 10): '牛奶', (6, 20): '酸奶', (6, 30): '果汁'}
```

与 5.3.1 小节中的示例类似，使用下面的代码可以将上述字典中的数据以更可读的形式显示出来。

```
>>> products = {(3, 10): '牛奶', (6, 20): '酸奶', (6, 30): '果汁'}
>>> for pos, name in products.items():
...           '{0}在图表中的坐标是{1}'.format(name, pos)
'牛奶在图表中的坐标是(3, 10)'
'酸奶在图表中的坐标是(6, 20)'
'果汁在图表中的坐标是(6, 30)'
```

5.4　创建集合

与字典相比，创建和使用集合的方法更简单一些，因为它的每个元素只有一项数据，而非字典中的每个元素由键和值两项数据组成。集合中的所有元素不能出现重复，所以，集合中的元素更像是没有值的字典键。集合既不是序列对象，也不是映射对象，而是一种独立的对象类型。

5.4.1　创建空集合

创建空集合只能使用 Python 内置的 set 函数，输入内部为空的一对花括号创建的是空字典。在交互模式中输入下面的代码，使用 Python 内置的 set 函数创建一个空集合。

```
>>> names = set()
```

输入变量名时，将显示刚才为其赋值的空集合，它是一对花括号，外观与空字典相同。

```
>>> names
{}
```

5.4.2　创建包含一个或多个元素的集合

创建包含一个或多个元素的集合有以下两种方法：
- 手动输入花括号和集合中的元素。
- 使用 set 函数将序列对象转换为集合。

与创建列表和元组类似，创建集合时，其中的各个元素之间也使用逗号分隔，但是需要使用花括号包围这些元素。在交互模式中输入下面的代码，创建一个包含 3 个元素的集合。

```
>>> names = {'牛奶', '酸奶', '果汁'}
>>> names
{'酸奶', '牛奶', '果汁'}
```

如果在集合中输入了重复的元素，创建集合后会自动删除重复的元素，使集合中的每个元素只出现一次。在实际应用中，利用集合的这项特性可以轻松去除重复数据。

```
>>> names = {'牛奶', '牛奶', '酸奶', '酸奶', '果汁'}
>>> names
{'酸奶', '牛奶', '果汁'}
```

创建集合的另一种方法是使用 Python 内置的 set 函数，使用该函数可以将一个序列对象中的所有元素转换为集合。下面的代码将一个包含 3 个元素的列表转换为集合。

```
>>> names = set(['牛奶', '酸奶', '果汁'])
>>> names
{'酸奶', '牛奶', '果汁'}
```

注意：由于集合不是序列对象，所以，无法使用索引或切片来获取集合中的元素。

如果只想使用 set 函数创建包含上面示例中的某个单一元素的集合，则仍然需要将该元素作为一个独立的序列对象，并将其设置为 set 函数的参数，形式如下：

```
>>> names = set(['果汁'])
>>> names
{'果汁'}
```

如果去除上面示例中的方括号，则会将输入的元素拆分到最大化，即将一个名称拆分为两个单字，每个字都是集合中的一个元素。这是因为字符串本身是序列对象，而 set 函数会将序列对象中的每个元素创建为集合中的元素。

```
>>> names = set('果汁')
>>> names
{'汁', '果'}
```

5.4.3 使用集合推导式创建集合

与字典推导式类似，也可以使用集合推导式创建集合。在交互模式中输入下面的代码，将名称只有两个字的所有商品创建为集合。len 函数用于计算字符串中的字符个数。

```
>>> food_list = ['牛奶', '酸奶', '果汁', '酸梅汤', '矿泉水']
>>> names = {x for x in food_list if len(x) == 2 }
>>> names
{'酸奶', '牛奶', '果汁'}
```

5.5 处理集合中的数据

对集合无法执行序列对象和映射对象所支持的操作，但是可以检测集合中是否存在某个值，也可以使用 Python 内置的 sorted 函数对集合中的元素排序，还可以使用 for 语句逐个处理集合中的元素。此外，在两个集合之间可以执行并集、交集、差集等运算。

5.5.1 检测集合中是否存在指定的值

检测集合中是否存在指定的值是比较常见的操作，使用 in 运算符可以完成该操作。在交互模式中输入下面的代码，检测集合中是否存在指定的商品名称。如果存在，则返回 True；如果不存在，则返回 False。

```
>>> names = set(['牛奶', '酸奶', '果汁'])
>>> '果汁' in names
True
```

如需检测某个商品是否不在集合中，可以使用 not in 运算符。

```
>>> names = set(['牛奶', '酸奶', '果汁'])
>>> '果汁' not in names
False
```

也可以将 not 放在代码的开头，表示对 in 运算符的检测结果取反。

```
>>> names = set(['牛奶', '酸奶', '果汁'])
>>> not '果汁' in names
False
```

注意：放在开头的 not 是布尔运算符，与连在一起的 not in 是完全不同的两种运算符。

5.5.2　对集合中的元素排序

集合不是序列对象，这意味着其中的元素没有固定的次序，因此，不能使用索引号来定位每个元素，但是这并不代表不能对集合中的元素排序。在交互模式中输入下面的代码，使用 Python 内置的 sorted 函数可以对集合中的商品名称按照首字母升序排列。

```
>>> names = set(['牛奶', '酸奶', '果汁'])
>>> sorted(names)
['果汁', '牛奶', '酸奶']
```

如需按照首字母降序排列，可以将 sorted 函数的 reverse 参数设置为 True。

```
>>> names = set(['牛奶', '酸奶', '果汁'])
>>> sorted(names, reverse=True)
['酸奶', '牛奶', '果汁']
```

5.5.3　在集合中添加元素

使用集合对象的 add 方法，可以在集合的末尾添加一个元素。在交互模式中输入下面的代码，先创建一个集合，然后在该集合中添加一个商品名称。

```
>>> names = set(['牛奶', '酸奶', '果汁'])
>>> names.add('酸梅汤')
>>> names
{'酸奶', '牛奶', '果汁', '酸梅汤'}
```

5.5.4　删除集合中的元素

可以使用如下几种方法删除集合中的元素：

- 使用 remove 方法删除集合中的一个元素，当该元素不存在时，将导致程序出错。
- 使用 discard 方法删除集合中的一个元素，当该元素不存在时，不会导致程序出错。
- 使用 pop 方法删除集合中的第一个元素，并返回该元素。当集合为空时，将导致程序出错。
- 使用 clear 方法删除集合中的所有元素。

在交互模式中输入下面的代码，使用 remove 方法删除集合中的"果汁"。

```
>>> names = set(['牛奶', '酸奶', '果汁'])
>>> names.remove('果汁')
>>> names
{'酸奶', '牛奶'}
```

下面的代码使用 discard 方法执行相同的操作，虽然此时的集合中已经不存在"果汁"，但是 discard 方法并不会导致程序出错，而在这种情况下使用 remove 方法则将导致程序出错。

```
>>> names.discard('果汁')
```

下面的代码使用 pop 方法删除集合中的第一个元素。再次执行 pop 方法时，将会删除集合中剩余元素中的第一个元素。

```
>>> names = set(['牛奶', '酸奶', '果汁'])
>>> names
{'酸奶', '牛奶', '果汁'}
>>> names.pop()
'酸奶'
>>> names.pop()
'牛奶'
>>> names.pop()
'果汁'
```

使用 clear 方法将删除集合中的所有元素，删除后使集合变成空集合。

```
>>> names = set(['牛奶', '酸奶', '果汁'])
>>> names.clear()
>>> names
set()
```

5.5.5 获取多个集合中的所有元素

使用 | 运算符或 union 方法将创建一个集合，其中的元素由多个集合中的所有元素组成。在交互模式中输入下面的代码，使用两个集合中的所有名称创建一个新集合。

```
>>> names1 = set(['牛奶', '酸奶', '果汁'])
```

```
>>> names2 = set(['酸梅汤', '矿泉水'])
>>> names1 | names2
{'牛奶', '果汁', '酸奶', '酸梅汤', '矿泉水'}
```

下面的代码使用 union 方法实现相同的功能。

```
>>> names1 = set(['牛奶', '酸奶', '果汁'])
>>> names2 = set(['酸梅汤', '矿泉水'])
>>> names1.union(names2)
{'牛奶', '果汁', '酸奶', '酸梅汤', '矿泉水'}
```

5.5.6　获取多个集合中相同的元素

使用 & 运算符或 intersection 方法将创建一个集合，其中的元素由多个集合中共同包含的元素组成。在交互模式中输入下面的代码，使用两个集合中相同的名称创建一个新集合。

```
>>> names1 = set(['牛奶', '酸奶', '果汁'])
>>> names2 = set(['牛奶', '酸梅汤', '果汁'])
>>> names1 & names2
{'牛奶', '果汁'}
```

下面的代码使用 intersection 方法实现相同的功能。

```
>>> names1 = set(['牛奶', '酸奶', '果汁'])
>>> names2 = set(['牛奶', '酸梅汤', '果汁'])
>>> names1.intersection(names2)
{'牛奶', '果汁'}
```

5.5.7　获取多个集合中不相同的元素

使用 ^ 运算符或 symmetric_difference 方法将创建一个集合，其中的元素由多个集合中的非共同元素组成。在交互模式中输入下面的代码，使用两个集合中不相同的名称创建一个新集合。

```
>>> names1 = set(['牛奶', '酸奶', '果汁'])
>>> names2 = set(['牛奶', '酸梅汤', '果汁'])
>>> names1 ^ names2
{'酸梅汤', '酸奶'}
```

下面的代码使用 symmetric_difference 方法实现相同的功能。

```
>>> names1 = set(['牛奶', '酸奶', '果汁'])
>>> names2 = set(['牛奶', '酸梅汤', '果汁'])
```

```
>>> names1.symmetric_difference(names2)
{'酸梅汤', '酸奶'}
```

5.5.8　获取只在第一个集合而不在第二个集合中的元素

使用 - 运算符或 difference 方法将创建一个集合，其中的元素由只在第一个集合而不在第二个集合中的元素组成。在交互模式中输入下面的代码，使用只在第一个集合而不在第二个集合中的名称创建一个新集合。

```
>>> names1 = set(['牛奶', '酸奶', '果汁'])
>>> names2 = set(['牛奶', '酸梅汤', '果汁'])
>>> names1 - names2
{'酸奶'}
```

下面的代码使用 difference 方法实现相同的功能。

```
>>> names1 = set(['牛奶', '酸奶', '果汁'])
>>> names2 = set(['牛奶', '酸梅汤', '果汁'])
>>> names1.difference(names2)
{'酸奶'}
```

第6章　程序流程控制

为了使程序完成一些有意义的工作，需要控制代码的运行方向。一种方法是根据条件的检测结果选择执行指定部分的代码；另一种方法是对某部分代码不断反复执行，直到达到指定的次数或满足指定的条件时。本章将介绍控制 Python 程序运行流程的方法。

6.1　条件的检测结果

条件的检测结果通常是布尔值 True 或 False，True 表示条件成立，False 表示条件不成立。即使检测结果不是这两个布尔值，Python 也会自动将其他值转换为 True 或 False，规则如下：

- 数字 0 等价于 False，非 0 数字等价于 True。
- 零长度字符串、空列表、空元组、空字典和空集合等价于 False，这些对象非空时等价于 True。
- Python 中的 None 等价于 False。

6.2　使用 if 语句检测条件

在 Python 中可以使用 if 语句为程序添加条件检测功能，根据检测结果执行不同的代码，使程序具有更好的适应性。if 语句由以下几个部分组成：

- if 关键字。
- 条件表达式。
- if 语句第一行结尾的冒号。
- 除第一行，if 语句的其他行向右侧缩进指定的距离。

if 语句的基本形式如下：

```
if 条件表达式：
    执行所需操作的代码
```

if 语句是 Python 中的复合语句，Python 中的复合语句通常至少包含两行，第一行以冒号结尾，从第二行开始，复合语句中每行代码的开头将显示次要提示符，每行代码向右缩进一定的距离。输入复合语句包含的所有内容后，按两次 Enter 键结束复合语句。这是在交互模式中输入复合语句的方法，在脚本模式中无须按两次 Enter 键，且每行代码的开头不会显示提示符，但是缩进格式与交互模式是相同的。

6.2.1　只在单个条件成立时才执行代码

最简单的 if 语句只检测一个条件，条件成立时执行指定的代码，条件不成立时什么也不做。在交互模式中输入下面的代码，检测年龄的大小，如果小于 18，则显示"年龄太小了"，否则什么也不显示。

```
>>> age = 16
>>> if age < 18:
...     '年龄太小了'
'年龄太小了'
```

注意：if 复合语句第一行结尾的冒号是该语句的语法元素，如果遗漏冒号，将导致程序出错。

由于上面示例中的年龄只有 16，在 if 复合语句的第一行检测其是否小于 18，检测结果是 True，所以执行 if 复合语句的第二行代码。下面的代码与上面的示例类似，唯一区别是将变量的值改成了 20，此时检测结果是 False，所以不会执行 if 复合语句的第二行代码，运行程序后什么也不会显示。

```
>>> age = 20
>>> if age < 18:
...     '年龄太小了'
```

如果想在年龄大于或等于 18 时显示一条信息，可以将上面代码中的小于号改成大于或等于号，再将 if 复合语句的第二行代码稍加修改。

```
>>> age = 20
>>> if age >= 18:
...     '年龄符合要求'
'年龄符合要求'
```

提示：由于本节示例中的 if 复合语句只有两行，所以，可以将两行写到一行，它们之间使用冒号分隔。

```
>>> age = 20
>>> if age >= 18:'年龄符合要求'
'年龄符合要求'
```

6.2.2　在单个条件成立或不成立时执行不同的代码

在 6.2.1 小节中无论如何修改代码，都只能检测一个条件并显示与之相关的一种信息。如果想让代码在年龄小于 18 及大于或等于 18 时能够自动显示不同的信息，而不是根据需求反复修改代码，则可以在 if 复合语句中添加 else 子句，条件不成立时将自动执行该子句中的代码。else 子句必须以冒号结尾，且与 if 复合语句的第一行垂直对齐。

下面的代码同时实现 6.2.1 小节中几个示例的功能，年龄小于 18 时显示"年龄太小了"，年龄大于或等于 18 时显示"年龄符合要求"。

```
>>> age = 16
>>> if age < 18:
...     '年龄太小了'
>>> else:
...     '年龄符合要求'
'年龄太小了'
```

如果希望年龄可以由用户灵活指定，而不是预先将固定的年龄写入代码中，则可以使用第 1 章曾经使用过的 input 函数，它接收并返回用户输入的数据。由于 input 函数返回的数据是字符串类型，为了避免程序出错，在将其返回值与其他数字进行比较之前，需要先使用 int 函数将 input 函数的返回值转换为数字类型。

```
>>> age = input('请输入年龄：')
请输入年龄：20
>>> if int(age)< 18:
...     '年龄太小了'
>>> else:
...     '年龄符合要求'
'年龄符合要求'
```

注意：与前几章相比，本章和后续章节中的示例将包含更多的代码，为了提高输入效率，后续示例中的代码将在脚本模式中编写。书中每行代码的开头将不再显示主提示符和次要提示符，表示这些代码都是在脚本模式中编写的。

6.2.3　在多个条件其中之一成立时执行代码

当要检测的条件不止一个时，需要在 if 复合语句中添加一个或多个 elif 子句，在每个 elif 子句中编写条件表达式，并在 elif 子句的下一行编写条件成立时执行的代码。每个 elif 子句与 if 复合语句的第一行垂直对齐，且必须以冒号结尾。下面的代码在前面示例的基础上修改并加入了新的条件：年龄小于 18 时显示"年龄太小了"，年龄大于 60 时显示"年龄太大了"，年龄在这两者之间时显示"年龄符合要求"。

```
age = int(input('请输入年龄：'))
if age < 18:
    print('年龄太小了')
elif age > 60:
    print('年龄太大了')
else:
    print('年龄符合要求')
```

注意：if 复合语句的第一行、elif 子句和 else 子句都必须以冒号结尾，否则将导致程序出错。

在脚本模式中运行上面的代码，将在交互模式中根据用户输入的年龄，显示相应的信息。

```
请输入年龄：16
年龄太小了
请输入年龄：65
年龄太大了
请输入年龄：36
年龄符合要求
```

6.3　使用 match 语句检测多个值

当一个表达式可能存在多个值时，使用 match 复合语句可以检测所有可能的值，并在满足其中一个值时，执行为该值编写的代码。下面的代码使用 input 函数获取用户输入的数据，然后将其返回值赋值给 grade 变量。接着使用 match 语句检测该变量的值，为了使输入的大小写形式都有效，使用字符串对象的 upper 方法将 grade 变量中的值转换为大写形式。在 match 复合语句的各个 case 子句中，给出用户输入的各种可能值，并为它们编写所要执行的代码。当用户输入的值与其中一个 case 子句中的值相匹配时，就会执行该 case 子句中的代码。

```
grade = input('请输入等级：')
match grade.upper():
    case 'A':
        print('太棒了')
    case 'B':
        print('还不错')
    case 'C':
        print('过关了')
    case 'D':
        print('努力吧')
```

代码的运行结果如下：

```
请输入等级：A
太棒了
请输入等级：a
太棒了
请输入等级：b
还不错
请输入等级：c
过关了
请输入等级：d
努力吧
```

如果输入的数据与任何一个 case 子句都不匹配，则不会显示任何信息。如需在这种情况下显示一条信息，可以在 match 复合语句的最后一个 case 语句中使用通配符 "_"，当前面的所有 else 子句都不能匹配时，将会与最后一个 case 子句相匹配。下面的代码在用户输入无效的等级时显示 "输入的等级无效"。

```
grade = input('请输入等级：')
match grade.upper():
    case 'A':
        print('太棒了')
    case 'B':
        print('还不错')
    case 'C':
        print('过关了')
    case 'D':
        print('努力吧')
    case _:
        print('输入的等级无效')
```

代码的运行结果如下：

```
请输入等级：k
输入的等级无效
```

上面的示例只是 match 复合语句的一种常见应用，该语句包含更多复杂的用法，有兴趣的读者可以在 Python 官方网站中查阅。

6.4　使用 for 语句处理对象中的每个元素

使用 for 语句可以对序列对象或其他可迭代对象中的每个元素执行指定的操作。for 语句对对象的这种处理方式称为迭代。迭代是指按照每个元素在对象中的排列顺序，逐一引用并处理它们。如果在 for 语句中配合使用 if 语句，则可以只处理符合指定条件的元素。

for 语句由以下几个部分组成：

- for 关键字。
- 一个或多个变量，它们之间使用逗号分隔。
- in 关键字。
- 序列对象或其他可迭代对象。
- for 语句第一行结尾的冒号。
- 除第一行，for 语句的其他行向右侧缩进指定的距离。

for 语句的基本形式如下：

```
for 变量 in 序列对象或其他可迭代对象：
    执行所需操作的代码
```

6.4.1 使用 for 语句处理一系列数字

如需使用 for 语句处理一系列整数，可以使用 Python 内置的 range 函数生成一个整数序列。range 函数有 3 个参数：第一个参数 start 表示整数序列的起始数字；第二个参数 stop 表示整数序列的终止数字，但是不包括该数字；第三个参数 step 表示数字之间的增量，默认为 1，该参数可以是正数或负数。如果在 range 函数中只指定一个参数，则该参数表示终止数字，将起始数字默认为 0。

下面的代码使用 range 函数生成数字 0 ～ 5。

```
range(6)
```

下面的代码使用 range 函数生成数字 1 ～ 10。为了确保生成的数字序列的最后一个数字是 10，需要将 range 函数的第二个参数设置为 11。

```
range(1, 11)
```

如需显示数字 1 ～ 10，需要将 range 函数设置为 list 函数或 tuple 函数的参数，将这些数字创建为列表或元组中的元素。

```
>>> list(range(1, 11))
[1, 2, 3, 4, 5, 6, 7, 8, 9, 10]
>>> tuple(range(1, 11))
(1, 2, 3, 4, 5, 6, 7, 8, 9, 10)
```

提示：range 函数不会直接返回数字列表，只有在像 for 这样的语句中使用时，才会逐个读取其返回值中的每个元素，将这样的对象称为可迭代对象。这类对象必须与需要获取一系列值的函数或语句配合使用才能发挥作用。字符串、列表和元组等序列对象都是可迭代对象，而可迭代对象未必是序列对象，如 range 函数返回的对象。

如需创建具有特定间隔的一系列整数，如 1～10 的所有偶数，可以将 range 函数的第三个参数设置为 2，并将起始数字和终止数字分别设置为 2 和 11。

```
>>> list(range(2, 11, 2))
[2, 4, 6, 8, 10]
```

使用下面的代码将创建 1～10 的所有奇数。

```
>>> list(range(1, 10, 2))
[1, 3, 5, 7, 9]
```

如需创建 1～100 所有尾数为 0 或 5 的数字，可以使用下面的代码：

```
>>> list(range(5, 101, 5))
[5, 10, 15, 20, 25, 30, 35, 40, 45, 50, 55, 60, 65, 70, 75, 80, 85, 90, 95, 100]
```

了解 range 函数的工作方式后，使用 for 语句处理一系列整数就非常简单了。下面的代码创建数字 1～10 的平方。

```
for x in list(range(1, 11)):
    print(x ** 2)
```

代码的运行结果如下：

```
1
4
9
16
25
36
49
64
81
100
```

如需将上面的所有数字创建到一个列表中，需要先将空列表赋值给一个变量，然后在 for 语句中使用列表对象的 append 方法，将每次循环时计算出的数字的平方添加到列表中。

```
numbers = []
for x in list(range(1, 11)):
    numbers.append(x ** 2)
print(numbers)
```

代码的运行结果如下：

```
[1, 4, 9, 16, 25, 36, 49, 64, 81, 100]
```

注意： print 函数所在的代码行是一行独立代码，不是 for 语句的一部分。如果将该行代码的缩进设置为与上一行代码相同，则会将其变成 for 语句的一部分，在每次将一个数字添加到列表时，都会输出一次该列表，最后显示的是在列表中从添加第一个数字到添加最后一个数字的整个变化过程，而非最终的列表。

```
[1]
[1, 4]
[1, 4, 9]
[1, 4, 9, 16]
[1, 4, 9, 16, 25]
[1, 4, 9, 16, 25, 36]
[1, 4, 9, 16, 25, 36, 49]
[1, 4, 9, 16, 25, 36, 49, 64]
[1, 4, 9, 16, 25, 36, 49, 64, 81]
[1, 4, 9, 16, 25, 36, 49, 64, 81, 100]
```

6.4.2　使用 for 语句处理字符串中的字符

使用 for 语句处理字符串比数字更容易，因为字符串本身就是序列对象，无须额外处理即可在 for 语句中进行迭代。下面的代码将字符串中的每个字符重复显示两次。

```
for s in '勤恳兢业':
    print(s * 2)
```

代码的运行结果如下：

```
勤勤
恳恳
兢兢
业业
```

如果只想将前两个字重复显示两次，则可以使用下面的代码。使用 len 函数获取字符串的字符个数，然后将其用作 range 函数的参数，得到一系列整数，它们正好与字符串中每个字符的索引号一一对应。接着在 for 语句中使用一个变量逐个引用每个索引号，并在 if 语句中判断当前引用的索引号是否小于或等于 1，如果条件成立，则从字符串中提取与当前索引号对应的字符，并将其重复两次。对于大于 1 的索引号，只是从字符串中提取与该索引号对应的字符，而不做其他处理。

```
s = '勤恳兢业'
for index in range(len(s)):
    if index <= 1:
        print(s[index] * 2)
    else:
        print(s[index])
```

代码的运行结果如下：

```
勤勤
恳恳
兢
业
```

如果想让第二个字和第四个字重复两次，则可以使用 % 运算符对引用索引号的变量进行求余运算，如果余数是 1，则说明变量当前引用的索引号是 1 或 3，对应的就是字符串中的第二个字和第四个字。

```
s = '勤恳兢业'
for index in range(len(s)):
    if index % 2 == 1:
        print(s[index] * 2)
    else:
        print(s[index])
```

代码的运行结果如下：

```
勤
恳恳
兢
业业
```

上面的示例主要是为了说明如何在 for 语句中使用 if 语句，本章介绍的语句都可以互相嵌套在一起，从而构建出实现复杂功能的程序。

6.4.3　使用 for 语句处理列表或元组中的元素

由于列表和元组也是序列对象，所以，使用 for 语句处理它们的方法与处理字符串类似。下面的代码使用 for 语句提取列表中每个元素的前两个字符，并将提取出的所有名称创建为一个新的列表。

```
products = ['牛奶 -2 元 ', '酸奶 -3 元 ', '果汁 -5 元 ']
names = []
for name in products:
    names.append(name[0:2])
print(names)
```

代码的运行结果如下：

```
['牛奶 ', '酸奶 ', '果汁 ']
```

代码解析：第一行代码将要处理的列表赋值给 products 变量。第二行代码将一个空列表赋值给 names 变量，该列表用于存储后面将要提取出的所有名称。第 3 ～ 4 行代码在 for 语句中使用 name 变量逐一引用 products 列表中的每个元素，然后对每个元素切片，获取每个元素的前两个字符，并将获取到的字符添加到 names 列表中。最后一行代码使用 print 函数输出 names 列表。

由于列表和元组属于容器类对象，在它们中可以嵌套列表或元组，这意味着列表或元组中的元素也可以是列表或元组，可以使用多层 for 语句处理这种多层嵌套结构的列表或元组。下面的代码将 3 个字的商品名称创建为一个新的列表。

```
products = [['可乐', '果汁', '矿泉水'], ['西红柿', '白菜', '土豆']]
names = []
for category in products:
    for name in category:
        if len(name) == 3:
            names.append(name)
print(names)
```

代码的运行结果如下：

```
['矿泉水', '西红柿']
```

代码解析：外层的 for 语句用于逐一引用 products 列表中的两个元素，这两个元素都是列表。内层的 for 语句用于逐一引用 products 列表中内嵌的两个列表中的每个元素，并使用 if 语句判断每个元素的字符个数是否等于 3，如果是，则将该元素添加到 names 列表中，最后创建的列表中只包含 3 个字的名称。

使用 for 语句处理元组的方法与列表类似，由于元组是不可变对象，所以，无法像上面示例中那样，在列表中逐个添加元素。如需将结果创建为元组，可以使用上面示例中的方法，先创建列表，再使用 tuple 函数将列表转换为元组。

```
products = [['可乐', '果汁', '矿泉水'], ['西红柿', '白菜', '土豆']]
names = []
for category in products:
    for name in category:
        if len(name) == 3:
            names.append(name)
print(tuple(names))
```

代码的运行结果如下：

```
('矿泉水', '西红柿')
```

6.4.4 使用 for 语句处理字典中的键和值

与字符串、列表和元组等序列对象不同，字典中的每个元素都由键和值两个部分组成，因此，使用 for 语句处理字典会涉及更多的操作。下面的代码使用 for 语句依次输出字典中的商品名称。

```
products = dict( 牛奶 =2, 酸奶 =3, 果汁 =5)
for key in products.keys():
    print(key)
```

代码的运行结果如下：

```
牛奶
酸奶
果汁
```

下面的代码省略了 keys()，也能得到相同的结果。

```
products = dict( 牛奶 =2, 酸奶 =3, 果汁 =5)
for key in products:
    print(key)
```

下面的代码仍然迭代字典中的键，然后将其与字典变量组合在一起，用于获取与每个键关联的值。

```
products = dict( 牛奶 =2, 酸奶 =3, 果汁 =5)
for key in products.keys():
    print(products[key])
```

代码的运行结果如下：

```
2
3
5
```

如果只是单纯获取字典中的每个值，则可以对字典对象的 values 方法进行迭代。

```
products = dict( 牛奶 =2, 酸奶 =3, 果汁 =5)
for value in products.values():
    print(value)
```

如需对特定的键进行处理，则需要使用前面的方法对 keys 方法进行迭代，并使用 if 语句对每次迭代的键进行判断，然后只处理符合条件的键。下面的代码只显示带有"奶"字的商品名称。key[-1] 用于提取每个键的最后一个字，在 if 语句中判断该字是否为"奶"。

```
products = dict( 牛奶 =2, 酸奶 =3, 果汁 =5)
for key in products.keys():
    if key[-1] == ' 奶 ':
        print(key)
```

代码的运行结果如下：

```
牛奶
```

酸奶

如需同时处理字典中的每组键和值，可以使用 for 语句对字典对象的 items 方法进行迭代，此时需要使用两个变量，分别引用每次迭代得到的键和值。

```
products = dict( 牛奶 =2, 酸奶 =3, 果汁 =5)
for key, value in products.items():
    print('{0} 的价格是 {1} 元 '.format(key, value))
```

代码的运行结果如下：

```
牛奶的价格是 2 元
酸奶的价格是 3 元
果汁的价格是 5 元
```

6.4.5　同时处理每个元素的索引号和值

有时可能想要同时处理序列对象中每个元素的索引号和值，可以使用下面的代码：

```
products = [' 牛奶 ', ' 酸奶 ', ' 果汁 ']
for index in range(len(products)):
    print(index, products[index])
```

代码的运行结果如下：

```
0 牛奶
1 酸奶
2 果汁
```

使用 Python 内置的 enumerate 函数处理这种操作更方便。该函数的方便之处在于，它会自动生成由每个元素的索引号和值组成的元组，这样就可以使用两个变量分别引用元组中的两项数据，而无须像上面的示例那样，通过对象索引来获取对应的值。

```
products = [' 牛奶 ', ' 酸奶 ', ' 果汁 ']
for index, value in enumerate(products):
    print(index, value)
```

与 range 函数类似，enumerate 函数创建的也是可迭代对象，因此，enumerate 函数不会直接生成一系列元素，而是需要使用像 for 这样的语句对该函数的返回值进行迭代。如需显示 enumerate 函数的返回值，可以使用 list 函数或 tuple 函数，将返回值创建为一个列表或元组。

```
>>> products = [' 牛奶 ', ' 酸奶 ', ' 果汁 ']
>>> list(enumerate(products))
[(0, ' 牛奶 '), (1, ' 酸奶 '), (2, ' 果汁 ')]
```

6.4.6　同时处理两个对象中的元素

如需在 for 语句中同时处理两个对象中的元素，可以使用第 5 章使用过的 zip 函数。下面的代码使用 zip 函数将两个对象中相同位置上的元素匹配为一对，并生成由所有配对元素组成的元组，然后使用 for 语句逐一处理元组中的每个元素。

```
names = ['牛奶', '酸奶', '果汁']
prices = [2, 3, 5]
for name, price in zip(names, prices):
    print('商品名称是：{0}，价格是：{1}元'.format(name, price))
```

代码的运行结果如下：

```
商品名称是：牛奶，价格是：2 元
商品名称是：酸奶，价格是：3 元
商品名称是：果汁，价格是：5 元
```

与 range 函数和 enumerate 函数类似，如需显示 zip 函数的返回值，可以将其用作 list 函数或 tuple 函数的参数，还可以使用 dict 函数以字典的形式显示 zip 函数的返回值。

```
>>> list(zip(names, prices))
[('牛奶', 2), ('酸奶', 3), ('果汁', 5)]
```

6.4.7　使用增强赋值语句

有时可能需要使用 for 语句对每次迭代的值执行数学运算。下面的代码将每个商品的价格在原有基础上增加 3 元。

```
products = dict(牛奶=2, 酸奶=3, 果汁=5)
for key in products.keys():
    products[key] = products[key] + 3
print(products)
```

代码的运行结果如下：

```
{'牛奶': 5, '酸奶': 6, '果汁': 8}
```

在 Python 中可以使用增强赋值语句改写上面代码中的赋值语句，能够缩短代码的长度，并能提高运行效率。

将

```
products[key] = products[key] + 3
```

改成

```
products[key] += 3
```

本例执行的是加法运算，Python 中的很多运算符都有对应的增强赋值形式，如下面列出的一些运算符。增强赋值的含义如下：将等号左侧的变量与等号右侧的值执行指定的运算，并将运算结果赋值给等号左侧的变量。

```
减法: products[key] -= 3
乘法: products[key] *= 3
除法: products[key] /= 3
整除: products[key] //= 3
乘方: products[key] **= 3
求余: products[key] %= 3
```

6.5 使用 while 语句在条件成立时重复执行代码

for 语句用于迭代对象中的每个元素，迭代完所有元素后，for 语句会自动结束。与 for 语句不同，while 语句将检测给定的条件，只要条件的检测结果是 True，就会一直运行 while 语句中的代码，直到条件的检测结果变成 False 时，while 语句才会结束。

while 语句由以下几个部分组成：

- while 关键字。
- 条件表达式。
- while 语句第一行结尾的冒号。
- 除第一行，while 语句的其他行向右侧缩进指定的距离。

while 语句的基本形式如下：

```
while 条件表达式 :
    执行所需操作的代码
```

6.5.1 条件成立时重复执行代码

6.2.3 小节中的示例根据用户输入的年龄自动显示反馈信息。每次想要输入新的年龄时，都要重新运行这段代码。为了让程序可以一直检测用户输入的年龄，可以使用 while 语句判断用户输入的内容是否为空，如果不为空，则检测用户输入的年龄并显示反馈信息，否则将停止检测，修改后的代码如下：

```
age = input('请输入年龄: ')
while age != '':
    if int(age) < 18:
        print('年龄太小了')
    elif int(age) > 60:
        print('年龄太大了')
    else:
```

```
    print('年龄符合要求')
age = input('请输入年龄：')
```

代码解析： 首先将用户输入的数据赋值给 age 变量，然后使用 while 语句检测该变量是否不是零长度字符串，即检测用户是否输入了数据。如果是，则进入 while 语句内部开始循环。此时将使用 if 语句检测用户输入的数字符合哪个条件，然后显示相应的信息。完成后，将执行与程序第一行代码相同的代码，再次要求用户输入数据，并将其赋值给 age 变量，然后回到 while 语句的第一行，检测用户输入的值，并重复执行上述代码。

6.5.2　使用 break 语句提前退出循环

一旦进入 while 语句的循环内部，只要条件的检测结果是 True，就会一直重复执行 while 循环中的代码。有时可能需要在符合特定条件时立刻退出循环，此时可以在 while 语句内部使用 break 语句。下面的代码使用布尔值 True 作为 while 语句的条件表达式，由于条件必定成立，所以，直接开始 while 循环。首先将用户输入的数据赋值给 age 变量，然后在第一个 if 语句中检测 age 是否为空字符串，如果是，则表示用户没有输入任何内容，此时执行 break 语句，不会执行后面的代码并退出 while 循环。

```
while True:
    age = input('请输入年龄：')
    if age == '': break
    if int(age) < 18:
        print('年龄太小了')
    elif int(age) > 60:
        print('年龄太大了')
    else:
        print('年龄符合要求')
```

提示： 也可在 for 语句中使用 break 语句。

6.5.3　使用 continue 语句提前执行下一次循环

使用 continue 语句可以在条件成立时，忽略位于该语句之后的所有 while 循环语句，并跳转到 while 循环的开头重新检测条件表达式。该语句也可在 for 语句中使用。

下面的代码是 6.5.2 小节中示例的改进版，进入 while 循环后，使用 age 变量存储用户输入的数据，然后在 match 语句中检测 age 变量的值，如果是空字符串，则显示一条信息并重新要求用户输入数据；如果是"退出"，则使用 break 语句退出 while 循环。如果不是以上两种情况，则执行后面的 if 语句，根据用户输入的值判断年龄大小并显示相应的反馈信息。

```
while True:
    age = input('请输入年龄：')
```

```
    match age:
        case '':
            print('不能为空，输入【退出】可退出本程序')
            continue
        case '退出':
            break
    if int(age) < 18:
        print('年龄太小了')
    elif int(age) > 60:
        print('年龄太大了')
    else:
        print('年龄符合要求')
```

代码的运行结果如下：

```
请输入年龄：
不能为空，输入【退出】可退出本程序
请输入年龄：20
年龄符合要求
请输入年龄：10
年龄太小了
请输入年龄：70
年龄太大了
请输入年龄：退出
```

6.5.4　在 while 循环中使用 else 语句

除了可以在 if 语句中使用 else 语句，还可以在 while 语句中使用 else 语句，此时将在条件不成立时执行 else 语句中的代码。下面的代码与前述示例基本相同，唯一的区别是在最后添加了一行代码，该行代码使用了 else 语句，当用户不输入任何内容时，while 语句的条件表达式将返回 False，此时将执行 else 语句中的代码，显示"已退出本程序"的信息。

```
age = input('请输入年龄：')
while age != '':
    if int(age) < 18:
        print('年龄太小了')
    elif int(age) > 60:
        print('年龄太大了')
    else:
        print('年龄符合要求')
    age = input('请输入年龄：')
else:
    print('已退出本程序')
```

第7章 函　　数

Python 内置了一些函数，编写代码时可以直接使用这些函数。Python 标准库提供了功能更加丰富的函数，使用它们可以完成大量的工作。如果这些函数无法满足使用需求，用户还可以创建新的函数，并可使创建的函数具有与内置函数和标准库函数相同的工作方式。本章将介绍在 Python 中创建和使用函数的方法。

7.1　创建函数

本节将介绍在 Python 中创建一个函数的基本方法，其中涉及的很多细节会在后两节中进行介绍。

7.1.1　了解 Python 中的函数

Python 提供了数量庞大的函数，使用它们可以完成不同的工作。在 Python 中有 3 种形式的函数：内置函数、标准库函数、用户创建的函数。

1. 内置函数

Python 内置了几十个函数，可以在任何 Python 程序中直接使用这些函数。在前几章示例中使用过的函数都是 Python 内置函数，如 int、str、list、tuple、dict、set、format、imput、len、print 和 range 等。

2. 标准库函数

Python 附带一个由大量模块组成的标准库，其中的每个模块都包含大量的函数，使用它们可以完成不同类型的编程任务。如需使用 Python 标准库中的函数，需要先在当前程序中导入函数所属的模块，然后才能使用特定模块中的函数。模块是扩展名为 .py 的 Python 文件，模块的详细内容将在第 9 章进行介绍。

3. 用户创建的函数

如果 Python 内置函数和标准库中的函数无法满足特定的应用需求，那么用户可以创建新的函数。用户创建的函数与 Python 内置函数具有相同的工作方式。

7.1.2 创建函数的基本结构

在 Python 中创建新的函数时需要使用 def 语句。创建一个函数时始终以 def 语句开头，在 def 关键字的右侧输入函数的名称，在函数名称的右侧是一对圆括号，在其中输入一个或多个参数的名称，各个参数之间使用逗号分隔，def 语句以冒号结尾。def 语句是一个复合语句，从该语句的第二行代码开始，每行都要向右缩进指定的距离，格式与 if 语句和 for 语句类似。

如果希望函数返回一个值，则使用 return 语句设置函数的返回值。如果函数没有返回值，则可以省略 return 语句。下面是使用 def 语句创建函数时的基本结构：

```
def 函数名 ( 参数 1, 参数 2, 参数 n):
    定义函数的代码
    return 函数的返回值
```

7.1.3 为函数定义参数

函数可以没有参数，这类函数通常只能显示一些固定的信息。如需让函数处理用户输入的数据，需要为函数提供一个或多个参数。创建函数时定义的参数是形参，使用函数时为形参提供对应的数据是实参。

在脚本模式中输入下面的代码，创建一个名为 sumx 的函数，它有两个参数：x 和 y。

```
def sumx(x, y):
```

7.1.4 为函数提供具体的功能

输入 def 语句后，接下来需要编写实现函数功能的代码。本例创建的 sumx 函数用于计算两个数字之和，需要编写的代码很简单，只需一行代码即可，如下：

```
x + y
```

sumx 函数的完整代码如下：

```
def sumx(x, y):
    x + y
```

在脚本模式中按 F5 键运行 sumx 函数，然后在交互模式中输入该函数以测试其功能。使用一个函数时称为调用函数，需要输入该函数的名称和一对圆括号，并在圆括号中输入函数的参数，参数之间以逗号分隔。本例需要为 sumx 函数提供两个数字，输入完成后按 Enter 键，运行这个函数后不会显示任何结果。

```
>>> sumx(2, 3)
```

```
>>>
```

为了使函数显示两个数字求和后的结果，需要修改该函数定义的第二行代码，在求和表达式的开头加上 print 函数，以便输出函数的计算结果。

```
def sumx(x, y):
    print(x + y)
```

现在在脚本模式中按 F5 键，重新运行该函数，然后在交互模式中再次输入上面的表达式，使用该函数计算两个数字之和，此时将显示函数的计算结果。

```
>>> sumx(2, 3)
>>> 5
```

7.1.5　为函数提供返回值

在 7.1.4 小节中，通过在定义函数的代码中使用 print 函数，可以使函数显示计算结果。这种方法并非使函数真正返回一个值，只是强行使用 print 函数将表达式的计算结果输出出来。如果只是单纯地显示函数的结果，这种方法是可行的。但是当需要在后续的代码中处理函数的计算结果时，将会出现问题。

下面的代码在交互模式中将前面创建的 sumx 函数的计算结果赋值给一个变量，然后输入该变量以显示其值，但是什么都不会显示。输出该变量的值时，将返回 None。这说明在定义函数时使用 print 函数只是单纯输出函数内部的表达式的结果，而非函数本身的返回值。

```
>>> x = sumx(2, 3)
5
>>> x
>>>
```

如需让函数能够返回一个值，并在后续的代码中将该值赋给变量，需要在定义函数时使用 return 语句设置函数的返回值。下面是使用 return 语句修改 sumx 函数后的代码。

```
def sumx(x, y):
    return x + y
```

在脚本模式中按 F5 键运行修改后的 sumx 函数，然后在交互模式中重新输入前面测试该函数的代码，现在变量 x 能够正确返回 sumx 函数对两个参数求和后的结果。

```
>>> x = sumx(2, 3)
>>> x
5
```

如果单独使用该函数，也会自动显示其计算结果，这就是函数返回值的作用。

```
>>> sumx(2, 3)
5
```

至此，已经成功创建了一个函数并可正常使用。虽然本例创建的函数非常简单，但是已经很好地说明了在 Python 中创建一个函数的基本方法。

7.1.6　为函数添加说明信息

使用 Python 中的"文档字符串"功能，可以为函数及后续章节介绍的类添加说明信息。文档字符串是指在函数或类定义的内部，在第一行代码之前由一对三重引号包围起来的内容。下面的代码为前面创建的 sumx 函数添加文档字符串，简要说明该函数的功能和注意事项。

```
def sumx(x, y):
    '''计算两个数字之和，如果输入的数据不是数字，将导致错误'''
    return x + y
```

使用函数对象的 __doc__ 属性可以获取文档字符串的内容。在脚本模式中运行 sumx 函数后，可以在交互模式中输入下面的代码，获取为 sumx 函数添加的说明信息。与输入对象的方法类似，在输入对象的属性时，也需要使用一个英文句点来分隔对象的名称和属性。

```
>>> sumx.__doc__
'计算两个数字之和，如果输入的数据不是数字，将导致错误'
```

提示：有关对象和属性的更多内容将在第 8 章进行介绍。

7.1.7　避免函数出错

正如在 7.1.6 小节中为函数添加说明信息时所说的，如果为 sumx 函数输入的两个数据不是数字，将导致程序出错。下面的代码将一个字符串和一个数字传递给 sumx 函数，运行后将导致错误，这是因为 + 运算符无法同时处理字符串和数字。

```
>>> sumx('你好', 666)
Traceback (most recent call last):
TypeError: can only concatenate str (not "int") to str
```

如果将两个字符串传递给 sumx 函数，则会将它们合并为一个字符串。虽然没有导致错误，但是却偏离了 sumx 函数的本义。

```
>>> sumx('2', '3')
'23'
```

为了解决上述问题，可以在定义函数的代码中对输入的数据进行检测，根据检测结果执行相应的代码，以便提前处理可能发生的情况。下面是修改后的定义 sumx 函数的代码，使用 Python 内置的 isinstance 函数检测一个对象是否为特定的类型，如果是，则该函数返回 True，否则返回 False。isinstance 函数的第一个参数是要检测的对象，本例是两个参数的名称；第二个参数是对象类型的标识符，int 表示整数类型。

```
def sumx(x, y):
    if isinstance(x, int) and isinstance(y, int):
        return x + y
    else:
        print('数据类型有误，无法求和')
```

下面在交互模式中测试修改后的 sumx 函数，当输入的两个数据是前面两种情况之一时，将显示"数据类型有误，无法求和"，而不再显示错误信息或自动合并字符串。

```
>>> sumx('你好', 666)
数据类型有误，无法求和
>>> sumx('2', '3')
数据类型有误，无法求和
```

7.2　灵活控制函数的参数

创建函数时，可以定义多种类型的参数，它们具有不同的功能和使用方式，能够满足不同的使用需求。本节将详细介绍定义参数的多种方法。

7.2.1　形参和实参

参数是在创建函数时预先定义的类似于变量的名称，可以在函数中定义一个或多个参数。定义函数时，函数内部的代码会预先处理作为参数的变量。调用函数时，会将实际的数据传递给定义函数时的各个参数，相当于是将数据赋值给对应的参数，以便函数内部的代码处理实际的数据。

将定义函数时设置的参数称为形参，将调用函数时传递给函数的实际数据称为实参。在本章前面创建的 sumx 函数中，定义该函数时的 x 和 y 是形参，调用该函数时为其输入的 2 和 3 是实参，相当于将数字 2 赋值给变量 x，将数字 3 赋值给变量 y，这样在函数内部的代码中处理的是数字 2 和 3，而不是 x 和 y。

7.2.2　按位置指定参数

前面创建的 sumx 函数有两个形参，调用该函数时，需要依次为它们提供对应的实参，然后函数就会计算出两个数字之和。如果只给出一个参数，则将导致程序出错。这是因为在默认情况下，创建函数时定义的形参都是必选的，"必选"是指在调用函数时必须为形参提供对应的实参，缺一不可。

下面是创建的另一个函数 repeat，它的第一个参数是一个字符串，第二个参数是一个数字，该函数使用 * 运算符将第一个参数表示的字符串重复 n 次，n 的大小由第二个参数决定。

```
def repeat(s, n):
    if isinstance(s, str) and isinstance(n, int):
        return s * n
    else:
        print('数据类型有误，无法正确处理')
```

在脚本模式中运行 repeat 函数，然后在交互模式中测试该函数的功能，将第一个参数设置为一个字符串，将第二个参数设置为一个整数，该函数将返回该字符串重复 n 次后的结果。

```
>>> repeat('你好', 3)
'你好你好你好'
```

在为 repeat 函数指定参数的值时，必须按照形参的顺序指定对应的实参。现在将上面测试代码中两个实参的顺序对调，函数将返回预先指定的错误信息。

```
>>> repeat(3, '你好')
数据类型有误，无法正确处理
```

如果只为 repeat 函数提供一个实参，则将导致程序出错。

```
>>> repeat('你好')
Traceback (most recent call last):
TypeError: repeat() missing 1 required positional argument: 'n'
```

按位置指定参数有以下两个要点：
- 多个参数的先后顺序很重要。
- 必须为每个参数指定一个值。

7.2.3 为参数指定默认值

如果在调用函数时总是为某个参数设置特定的值，则可以在定义函数时为该参数指定默认值。调用函数时，如果省略该参数，则会自动使用为其指定的默认值。这样就可以在调用函数时减少一些输入量，只在特殊情况下才需要手动设置参数的值。

下面将 7.2.2 小节中创建的 repeat 函数的第二个参数的默认值设置为 2，如果在调用该函数时省略该参数，则默认将字符串重复两次。下面是修改后的定义函数的代码，为参数指定默认值时，需要在函数名右侧的括号中指定该参数的名称、一个等号和默认值。

```
def repeat(s, n=2):
    if isinstance(s, str) and isinstance(n, int):
        return s * n
    else:
        print('数据类型有误，无法正确处理')
```

在交互模式中测试修改后的 repeat 函数，只为其指定第一个参数，而省略第二个参数，该函数自动将指定的字符串重复两次。

```
>>> repeat('你好')
'你好你好'
```

如需将字符串重复 3 次或其他任意次数，需要明确设置第二个参数的值。

```
>>> repeat('你好', 3)
'你好你好你好'
```

7.2.4　按关键字指定参数

按关键字指定参数需要在调用函数时，同时给出形参的名称和实参的值，并使用等号连接它们。按关键字指定参数有以下两个要点：

- 多个参数的先后顺序不重要，可以按照任意顺序指定它们。
- 如果在一个函数中同时出现按位置和按关键字两种方式指定的参数，则按关键字指定的参数必须出现在按位置指定的参数之后。

仍以前面创建的 repeat 函数为例，在交互模式中输入下面的代码，按位置指定第一个参数的值，按关键字指定第二个参数的值。

```
>>> repeat('你好', n=3)
'你好你好你好'
```

如果两个参数都是按关键字指定的，则可以按照任意顺序排列它们。对于 repeat 函数来说，可以先指定第二个参数的值，再指定第一个参数的值，该函数仍然能够返回正确的结果。

```
>>> repeat(n=3, s='你好')
'你好你好你好'
```

7.2.5　限制指定参数的方式

默认情况下，为函数定义的参数可以按位置或关键字中的任意一种方式来指定参数的值。如需将指定参数的方式限制为其中的一种，需要在定义函数时使用 / 和 * 为参数分

组。位于 / 左侧的参数只能按位置指定值，位于 * 右侧的参数只能按关键字指定值，位于
这两个符号之间的参数可以按位置或关键字指定值。

下面的代码将第一个参数设置为只能按位置指定值，将第二个参数设置为按位置或关
键字指定值。

```
def repeat(s, /, n=2):
    if isinstance(s, str) and isinstance(n, int):
        return s * n
    else:
        print('数据类型有误，无法正确处理')
```

在交互模式中测试修改后的 repeat 函数，由于现在只能按位置指定第一个参数的值，
所以，如果按关键字指定第一个参数的值，将导致程序出错。

```
>>> repeat(s='你好', n=3)
Traceback (most recent call last):
TypeError: repeat() got some positional-only arguments passed as keyword arguments: 's'
```

下面的代码将第二个参数设置为只能按关键字指定值。

```
def repeat(s, *, n=2):
    if isinstance(s, str) and isinstance(n, int):
        return s * n
    else:
        print('数据类型有误，无法正确处理')
```

此时如果按位置指定第二个参数的值，将导致程序出错。

```
repeat('你好', 3)
Traceback (most recent call last):
TypeError: repeat() takes 1 positional argument but 2 were given
```

下面的代码将第一个参数设置为只能按位置指定值，将第二个参数设置为只能按关键
字指定值。

```
def repeat(s, /, *, n=2):
    if isinstance(s, str) and isinstance(n, int):
        return s * n
    else:
        print('数据类型有误，无法正确处理')
```

7.2.6　使用任意数量的参数

本章前面创建的 sumx 函数只能计算两个数字之和，如需计算任意数量的数字之和，
需要在定义函数时设置一个开头带有星号的参数。调用函数时，该参数返回一个由多个

实参组成的元组，在函数定义的内部使用 for 语句处理该元组中的每个实参。使用一个变量存储每次循环中实参相加的总和，最后使用 return 语句返回该变量的值，即所有实参的总和。

```
def sumx(*numbers):
    mysum = 0
    for x in numbers:
        if isinstance(x, int):
            mysum = mysum + x
    return mysum
```

在交互模式中测试 sumx 函数的功能，下面的代码提供了 3 个实参，该函数能够正确计算它们的总和。

```
>>> sumx(1, 2, 3)
6
```

如果一个或多个实参是字符串，则会忽略这些实参而对其他实参求和。如果所有实参都是字符串，则计算结果为 0。

```
>>> sumx('1', 2, 3)
5
>>> sumx('1', '2', '3')
0
```

上面介绍是的数量不限的按位置指定参数的方法，如需使用数量不限的按关键字指定的参数，需要在定义函数时设置一个开头带有两个星号的参数。当调用函数时，该参数返回一个由多个形参名称和对应的实参组成的字典，形参名称是键，实参是与键关联的值。在函数定义的内部使用 for 语句处理该字典中的每对键和值。

```
def foodlist(**names):
    for name in names:
        print(name, ': ', names[name], sep='')
```

下面是在交互模式中测试 foodlist 函数的效果，为该函数指定了 3 个关键字参数，最后输出 3 个实参的信息。

```
>>> foodlist(蓝莓='50 克', 香蕉='80 克', 草莓='60 克')
蓝莓: 50 克
香蕉: 80 克
草莓: 60 克
```

注意：如果在定义的函数中同时包含带有一个星号和两个星号的参数，则带有两个星号的参数必须位于带有一个星号的参数之后。

7.2.7 使用列表、元组或字典作为参数

当以列表、元组或字典作为实参传递给函数时，需要对这些对象执行解包操作，以便将对象中的每个元素作为实参传递给函数，否则将导致程序出错。使用一个星号可以解包列表或元组中的数据，使用两个星号可以解包字典中的数据。

下面的代码将一个包含 3 个数字的列表传递给前面创建的 sumx 函数，该函数返回 0，并未正确计算列表中所有数字的总和。

```
>>> n = [1, 2, 3]
>>> sumx(n)
0
```

如果使用一个星号为该列表解包，则将得到正确的计算结果。

```
>>> n = [1, 2, 3]
>>> sumx(*n)
6
```

下面的代码将一个包含 3 个元素的字典传递给前面创建的 foodlist 函数，使用两个星号将该字典解包，使其中的 3 对键和值分别作为 foodlist 函数的 3 个实参。

```
>>> d = dict(蓝莓='50克', 香蕉='80克', 草莓='60克')
>>> foodlist(**d)
蓝莓 : 50 克
香蕉 : 80 克
草莓 : 60 克
```

7.3 变量的作用域

在定义函数的代码中，经常需要使用变量代表特定的数据，并对其进行所需的处理。一个变量的作用域决定程序中的哪些代码可以使用这个变量。"使用"是指读取和修改变量引用的值。本节将介绍 Python 中的作用域类型，以及变量在不同作用域中的使用方式。

7.3.1 作用域的基本概念

在 Python 中有两种作用域：全局作用域和局部作用域。为变量初次赋值的位置决定该变量的作用域。如果在一个函数中为变量赋值，则该变量的作用域是局部作用域，该变量是局部变量；如果在任何函数之外为变量赋值，则该变量的作用域是全局作用域，该变量是全局变量。任何一个变量的作用域只能是全局作用域或局部作用域中的一种。

在程序开始运行时，将自动创建全局作用域。在程序运行过程中调用一个函数时，将创建该函数的局部作用域。Python 会为每个调用的函数创建属于该函数的局部作用域，各个函数的局部作用域互不干扰。在函数内初次赋值的变量都是局部变量。当函数内部的代码运行完成后，该函数的局部作用域会自动消失，该函数内部的所有局部变量也会同时消失，这些变量的值不会被保留。也就是说，一个函数内的局部变量只在调用该函数期间有效。

7.3.2 在不同作用域中可以使用同名变量

每个函数都有自己的局部作用域，两个函数的局部作用域互不干扰，这意味着在不同的局部作用域中可以使用同名变量，虽然它们名称相同，但却是两个不同的变量，并且只能在各自所属的函数内部使用。

下面的代码创建了两个函数，每个函数都包含一个名为 n 的变量，它们虽然同名，但是彼此之间并无任何关联。

```python
def test1():
    n = 666
    print(n)

def test2():
    n = 888
    print(n)
```

与此类似，在全局作用域和局部作用域中可以使用同名变量。下面的代码先在全局作用域中创建了一个变量 n，并将其赋值为 666。然后创建一个名为 test 的函数，在其中也创建了一个变量 n，并将其赋值为 888。最后输出全局作用域中的变量 n，并调用 test 函数。

```python
n = 666
def test():
    n = 888
    print(n)

print(n)
test()
```

运行上面的代码将显示以下结果，说明两个作用域中的同名变量 n 的值互不影响。

```
666
888
```

7.3.3　不同局部作用域中的变量不能交叉使用

不同局部作用域中的变量不能交叉使用。下面的代码创建了与前面示例中类似的两个函数，但是在每个函数中使用了不同的变量名，并为变量赋值，然后使用 print 函数输出另一个函数中的变量。

```
def test1():
    x = 666
    print(y)

def test2():
    y = 888
    print(x)
```

在交互模式中调用上面的任意一个函数，都会导致程序出错，错误信息提示用户 x 或 y 未定义。

```
>>> test1()
Traceback (most recent call last):
NameError: name 'y' is not defined
>>> test2()
Traceback (most recent call last):
NameError: name 'x' is not defined
```

7.3.4　在全局作用域中不能使用局部变量

在全局作用域中不能使用局部变量。下面的代码创建了一个函数，在其中为变量 n 赋值，此时该变量是局部变量。在函数外的全局作用域中输出变量 n 的值。运行这段代码时，将导致程序出错，错误信息提示用户 n 未定义。

```
def test():
    n = 666
print(n)

Traceback (most recent call last):
NameError: name 'n' is not defined
```

7.3.5　在局部作用域中读取全局变量的值

如果在全局作用域中创建了一个变量，则可以在局部作用域中使用该变量的值，但是不能修改其值。下面的代码在函数内部输出在函数外部创建的全局变量 n 的值，程序可以正常运行。

```
n = 666
def test():
    print(n)


>>> test()
666
```

如果在函数内部修改在函数外部创建的变量的值，则将导致程序出错。

```
n = 666
def test():
    n = n + 222
    print(n)


>>> test()
Traceback (most recent call last):
UnboundLocalError: cannot access local variable 'n' where it is not associated with a value
```

7.3.6　在局部作用域中修改全局变量的值

正如在 7.3.5 小节最后看到的，如果在函数内部修改在函数外部创建的变量的值，则将导致程序出错。为此，只需在函数内部使用 global 语句将变量指定为全局变量，即可解决此问题。下面的代码在函数内部先使用 global 语句将变量 n 声明为全局变量，然后修改变量 n 的值，程序就可以正常运行了。

```
n = 666
def test():
    global n
    n = n + 222
    print(n)


>>> test()
888
```

7.3.7　在嵌套函数中修改变量的值

当两个函数嵌套在一起时，如果在内层函数中修改外层函数中的变量的值，则将导致程序出错。下面的代码在 test1 函数中创建一个名为 n 的变量，然后在该函数内部创建一个名为 test2 的函数，在 test2 函数中修改 n 的值。运行这段代码，并在交互模式中调用外层的 test1 函数，将导致程序出错。

```
def test1():
    n = 666
    def test2():
        n = n + 222
        print(n)
    test2()

>>> test1()
Traceback (most recent call last):
UnboundLocalError: cannot access local variable 'n' where it is not associated with a value
```

使用 nonlocal 语句可以解决此问题，该语句的使用方法与 global 语句类似，需要在内层函数中修改变量的值之前，先使用该语句声明该变量。再次调用外层的 test1 函数，将得到正确的结果。

```
def test1():
    n = 666
    def test2():
        nonlocal n
        n = n + 222
        print(n)
    test2()

>>> test1()
888
```

7.4　创建匿名函数

Python 提供了一种称为"匿名函数"的功能，需要使用 lambda 关键字创建匿名函数。与使用 def 语句创建的函数在功能上完全相同，但是使用 lambda 关键字创建函数所需的代码是一个表达式，因此，它会返回一个值，并且可以将其用在任何可以使用表达式的场合。例如，可以将 lambda 表达式赋值给一个变量或用作函数的参数。

使用 lambda 关键字创建匿名函数的基本结构如下：

```
lambda 一个或多个参数：处理参数的表达式
```

在上面的结构中，"一个或多个参数"相当于 def 语句中函数名右侧括号中的参数列表。"处理参数的表达式"相当于 def 语句中用于处理参数的一行或多行代码。整个 lambda 表达式返回的值相当于在 def 语句中使用 return 子句为函数设置的返回值。

在本章前面示例中创建的 repeat 函数，用于将指定的字符串重复显示指定的次数，使用 def 语句创建该函数的代码如下：

```
def repeat(s, n):
    if isinstance(s, str) and isinstance(n, int):
        return s * n
    else:
        print('数据类型有误，无法正确处理')
```

调用该函数的结果如下：

```
>>> repeat('你好', 3)
'你好你好你好'
```

下面的代码使用 lambda 表达式创建一个匿名函数，其功能与 repeat 函数完全相同。此处将 lambda 表达式创建的函数赋值给变量 rpt，然后通过该变量并输入参数来调用由 lambda 创建的匿名函数。

```
>>> rpt = lambda s, n: s * n
>>> rpt('你好', 3)
'你好你好你好'
```

第8章 类

Python 同时提供了函数式和面向对象两种编程方式，完成同一项编程任务时，用户可以选择自己喜欢的其中一种方式。然而，掌握面向对象编程，可以使程序的结构更紧凑，代码的重复利用率更高，代码的含义和组织结构也更清晰。类是面向对象编程的核心，本章将介绍在 Python 中创建和使用类所需掌握的概念和相关技术。

8.1 创建类

"类"是某一类对象的模板，只有先定义一个类，才能基于该类创建任意数量的同类对象，将这些对象称为该类的实例。本节将介绍如何创建类及其属性和方法，以及如何使用类创建新的对象，还将介绍在创建新的对象时自动为对象设置初始状态，以及在输出对象时自动显示指定的信息。

8.1.1 创建类的基本结构

在 Python 中创建新的类时需要使用 class 语句。创建一个类时始终以 class 语句开头。在 class 关键字的右侧输入类的名称，通常将类名的首字母大写，class 语句以冒号结尾。class 语句是一个复合语句，从该语句的第二行代码开始，每行都要向右缩进指定的距离。下面是使用 class 语句创建类时的基本结构。

```
class 类名：
    一个或多个变量赋值
    一个或多个函数定义
```

8.1.2 创建类的属性

在定义类的代码中，所有位于函数定义之外的变量都是类的属性。属性表示类的状态信息，可以读取或修改属性的值。下面的代码将创建一个名为 Person 的类，其中有一个名为 age 的变量，将其赋值为 18，该变量就是 Person 类的一个属性。

```
class Person:
```

```
age = 18
```

8.1.3 创建类的方法

在定义类的代码中，所有函数都是类的方法，方法是类可以执行的操作。下面的代码在 Person 类中创建了一个名为 drink 的方法，该方法有 3 个参数：第一个参数是要处理的对象（某个人），第二个参数是该对象的名称（人名），第三个参数是喜欢喝的饮料类型。drink 方法的功能是根据给定的人名和饮料类型，以自定义格式输出一条信息。

```
class Person:
    def drink(person, name, types):
        print('{}喜欢喝{}'.format(name, types))
```

注意：在类中创建方法时，每个方法对应的函数必须向右侧缩进，每个函数的第一行不能与 class 语句垂直对齐。

在 Python 中通常使用 self 作为类中的每个方法的第一个参数，self 并没有什么特别的含义或用途，只不过是 Python 中的一种约定俗成。使用 self 后，可以将 drink 方法修改为下面的代码：

```
class Person:
    def drink(self, name, types):
        print('{}喜欢喝{}'.format(name, types))
```

提示：可以在 class 语句的下一行使用三重引号创建文档字符串，以便简要说明类的用途和其中包含的属性和方法。

8.1.4 使用类创建对象

使用类创建的每个对象都是类的实例。下面的代码使用前面创建的 Person 类创建该类的一个新对象。使用类创建一个新对象的语法与调用一个不带实参的函数相同，即输入类的名称和一对空括号，可以将其称为 Person 类的构造函数。无论是 Python 内置类还是用户创建的类，每个类的类名都是用于创建该类的构造函数。下面的代码将使用 Person 类创建的对象赋值给变量 sx。

```
>>> sx = Person()
```

下面的代码为刚创建的对象 sx 添加一个名为 name 的属性并为其赋值。

```
>>> sx.name = '宋翔'
```

下面的代码使用 Person 类的名称调用其 drink 方法，并将 3 个参数传递给该方法，最后显示由该方法输出的一条信息。

```
>>> Person.drink(sx, sx.name, '矿泉水')
宋翔喜欢喝矿泉水
```

实际上，上面的代码使用的是调用函数的语法格式。还可以使用类的方法的语法格式实现相同的功能，此时需要将 drink 方法的第一个参数作为该方法的主体，该方法的主体是由 Person 类创建的对象，此处为 sx 变量引用的对象。

```
>>> sx.drink(sx.name, '矿泉水')
宋翔喜欢喝矿泉水
```

对比两种方法后可以发现，在第二种方法中，由于将原来 drink 方法中的第一个参数放到了开头，所以，在指定 drink 方法的参数时，无须重复指定第一个参数，只需设置后两个参数。这就是为什么在定义类的方法时有 3 个参数，而在调用该方法时却只提供两个参数。

技巧：类的方法并非必须立即被调用并执行其中的代码，类的方法也可以返回一个对象，并将其赋值给一个变量，在以后任何时候使用该变量来调用其引用的方法。下面的代码将不带括号的 drink 方法返回的对象赋值给变量 x，此时不会执行 drink 方法中的代码。接下来将 drink 方法包含的参数提供给变量 x，相当于借助变量 x 调用 drink 方法。

```
>>> sx = Person()
>>> sx.name = '宋翔'
>>> x = sx.drink
>>> x(sx.name, '矿泉水')
宋翔喜欢喝矿泉水
```

8.1.5 为对象设置初始化信息

定义一个新的类后，使用该类创建的任何对象最初都不具备任何初始化信息，也就是说，创建出的每个对象都是空的，没有任何属性和相关数据，需要为这些对象手动设置。为了使基于类创建的对象具有特定的属性，并使这些属性具有初始值，可以在定义类的代码中创建一个名为 __init__ 的方法，该方法的名称比较特别，名称的开头和结尾都带有两个下画线。

如果在定义的类中创建了 __init__ 方法，则在使用该类创建新的对象时，会自动调用该类中的 __init__ 方法，并执行该方法中的代码。利用这个特性，可以预先在 __init__ 方法中编写为对象设置初始化信息的代码。

与前面为 Person 类创建的 drink 方法类似，在为类创建任何方法时，该方法的第一个参数都是 self，它引用的是基于类创建的对象。虽然可以使用任何有效的名称代替 self，但是使用 self 是 Python 中的惯例。

下面的代码为 __init__ 方法提供了 4 个参数，第一个参数是 self，后 3 个参数依次表示一个人的姓名、性别和年龄，并为最后两个参数指定了默认值，表示基于类创建的每个人的性别默认为男性，年龄默认为 18 岁。

在 __init__ 方法的代码中，为对象指定了 name、sex 和 age 3 个属性，分别对应于姓名、性别和年龄。将这 3 个属性的值分别设置为 __init__ 方法的后 3 个形参。此处的 3 个形参的名称与 3 个属性的名称相同，这只是为了建立视觉上的对应关系，实际上，完全可以为同一个形参和属性使用不同的名称。

```
class Person:
    def __init__(self, name, sex='男', age=18):
        self.name = name
        self.sex = sex
        self.age = age
```

在类中创建 __init__ 方法后，使用该类创建新的对象时，需要根据 __init__ 方法中的参数配置情况，在类名称的括号中给出必选参数的值和可选参数的值。可选参数就是在 __init__ 方法中预先设置了默认值的参数。如果在创建对象时不给出可选参数的值，则将使用它们的默认值，这与定义函数时的规则相同。

下面的代码使用添加了 __init__ 方法后的 Person 类创建一个新的对象，由于只有 name 参数是必选的，所以，此处只为 Person 类提供该参数的值，而省略其他两个参数。然后使用新建的对象引用它的 3 个属性，分别返回相应的值。引用后两个属性时，返回的是默认值"男"和 18。

```
>>> sx = Person('宋翔')
>>> sx.name
'宋翔'
>>> sx.sex
'男'
>>> sx.age
18
```

8.1.6　修改属性的值

创建对象后，可以随时修改为对象的属性设置的值。最直接的方法是输入以英文句点连接的对象名和属性名，然后输入一个等号，再在等号右侧输入属性的新值。下面的代码将使用 Person 类创建的对象的年龄修改为 20。

```
>>> sx.age = 20
>>> sx.age
20
```

可以创建一个用于修改属性值的方法，以后可以通过调用该方法来修改属性的值。下面的代码在 Person 类中创建了一个名为 update_age 的方法，其中包含两个参数，第一个参数仍然是 self，第二个参数表示修改后的年龄。

```
class Person:
    def update_age(self, age):
        self.age = age
```

下面的代码使用 Person 类创建一个对象，该对象的初始年龄是由 __init__ 方法中的 age 参数的默认值指定的 18 岁。然后调用该对象的 update_age 方法将年龄修改为 20 岁。

```
>>> sx = Person('宋翔')
>>> sx.age
18
>>> sx.update_age(20)
>>> sx.age
20
```

对定义 update_age 方法的代码稍加修改，即可将年龄增加指定的值，而不是修改为一个固定值。下面创建的 increment_age 方法实现的就是这项功能，该方法的第二个参数 step 表示年龄的增量。

```
class Person:
    def increment_age(self, step):
        self.age = self.age + step
```

下面测试 increment_age 方法的效果，使用 Person 类创建的对象的默认年龄是 18 岁，调用 increment_age 方法并将其 step 参数设置为 10，对象的年龄将增加 10 岁，变成 28 岁。

```
>>> sx = Person('宋翔')
>>> sx.age
18
>>> sx.increment_age(10)
>>> sx.age
28
```

8.1.7 输出对象时以指定格式显示信息

如果希望在使用 Python 内置的 print 函数输出使用定义的类创建的对象时，能够自动以指定的格式显示信息，则可以在定义的类中创建 __str__ 方法。当使用 print 函数输出类的实例时，将会自动调用该方法。

下面的代码在 Person 类中创建了 __str__ 方法，该方法以特定格式输出一个人的姓名、性别和年龄。

```
class Person:
    def __str__(self):
        return '姓名: {}\n 性别: {}\n 年龄: {}'.format(self.name, self.sex, self.age)
```

下面在交互模式中测试 __str__ 方法的效果。先使用 Person 类创建一个新的对象，然后使用 print 函数输出该对象，将在 3 行中分别显示一个人的姓名、性别和年龄。

```
>>> sx = Person('宋翔')
>>> print(sx)
姓名: 宋翔
性别: 男
年龄: 18
```

8.1.8 运算符重载

运算符重载是指在类中重新定义 Python 内置运算符的功能，使基于类创建的对象可以正常使用这些运算符执行所需的计算。与前面介绍的 __init__ 和 __str__ 方法类似，在类中重新定义运算符的功能也需要使用开头和结尾都带有双下画线的特定方法，例如，__add__ 方法用于重新定义 + 运算符的功能。

下面的代码为 __add__ 方法提供两个参数：第一个参数是 self；第二个参数是 other，该参数表示要参与 + 运算的另一个对象。在 __add__ 方法中，使用 if 语句判断第二个对象的类型，如果是字符串，则将其与 self 引用的对象的 name 属性的值合并到一起，使用逗号分隔它们；如果是整数，则将计算其与 self 引用的对象的 age 属性的值的总和。

```
class Person:
    def __add__(self, other):
        if isinstance(other, str):
            return self.name + ', ' + other
        elif isinstance(other, int):
            return self.age + other
```

下面测试为 Person 类重新定义的 + 运算符的功能。

```
>>> sx = Person('宋翔')
>>> sx.name
'宋翔'
>>> sx + '想喝点什么？'
'宋翔, 想喝点什么？'
>>> sx.age
18
>>> sx + 10
28
```

如果不在 Person 类中定义 __add__ 方法，则在对使用 Person 类创建的对象执行 + 运算时，将导致程序出错。

```
>>> sx = Person('宋翔')
>>> sx + '想喝点什么？'
Traceback (most recent call last):
TypeError: unsupported operand type(s) for +: 'Person' and 'str'
```

8.2 创建子类

如果想要创建的类与现有的某个类具有相同或相似的功能，则可以基于现有的类来创建新的类，此时将现有的类称为父类，而将继承自父类创建出来的类称为子类。仅就父类和子类的两者关系来说，也可以将父类称为基类或超类，而将子类称为派生类。通过修改从父类继承而来的属性和方法，可以快速获得适合子类的属性和方法，这比重新创建一个类的属性和方法要快得多，而且能保持子类与父类具有很多相同的特性和功能。本节将介绍创建和设置子类的方法。

8.2.1 通过父类创建子类

创建子类的方法与父类类似，都需要使用 class 语句，主要区别在于，在子类名称右侧的括号中需要填入父类的名称。此外，子类的代码必须位于父类之后。下面的代码将创建一个名为 Student 的类，在该类右侧的括号中输入前面创建的 Person 类的名称，表示 Student 类是继承自 Person 类创建而来的。

```
class Student(Person):
    pass
```

当还没想好要为子类定义哪些属性和方法时，可以使用 Python 内置的 pass 语句。虽然 pass 语句没有实际作用，但可以满足 Python 对复合语句的语法要求。虽然现在没有为 Student 类编写任何代码，但是此时该类已经完整继承了其父类 Person 所包含的所有属性和方法，其中也包括用于初始化对象信息的 __init__ 方法。

下面的代码使用子类 Student 创建一个对象，创建时提供一个姓名，然后使用父类 Person 的属性和方法，可以正确处理使用子类 Student 创建的这个对象。

```
>>> sx = Student('宋翔')
>>> sx.name
'宋翔'
>>> sx.sex
'男'
>>> sx.age
```

```
18
>>> sx.update_age(10)
>>> sx.age
10
```

8.2.2　修改子类的初始化信息

子类除了具有父类的所有属性之外，通常还包含一些特殊的属性。为了在使用子类创建对象时，可以自动初始化子类特有的属性，需要修改从父类继承而来的 __init__ 方法。下面的代码在 Student 子类中修改从 Person 父类继承而来的 __init__ 方法，为该方法添加了 grade 和 sid 两个参数，分别表示学生的年级和编号，由于没有为这两个参数指定默认值，所以，需要放在具有默认值的 sex 和 age 参数之前。此外，将原来为 age 参数设置的默认值改为 16。

```
class Student(Person):
    def __init__(self, name, grade, sid, sex='男 ', age=16):
        self.grade = grade
        self.sid = sid
```

在脚本模式中运行 Person 父类和 Student 子类的代码，然后在交互模式中使用 Student 子类创建一个新对象，并查看该对象每个属性的返回值，只有新增的 grade 和 sid 两个属性能够返回正确的值，其他 3 个属性都导致错误。

```
>>> sx = Student('宋翔 ', '高一 ', 'S001')
>>> sx.name
Traceback (most recent call last):
AttributeError: 'Student' object has no attribute 'name'
>>> sx.sex
Traceback (most recent call last):
AttributeError: 'Student' object has no attribute 'sex'
>>> sx.age
Traceback (most recent call last):
AttributeError: 'Student' object has no attribute 'age'
>>> sx.grade
'高一 '
>>> sx.sid
'S001'
```

在父类中定义的 name、sex 和 age 3 个属性，现在在其子类中都无法正常使用。这是因为在子类中显式地创建 __init__ 方法，会覆盖父类中的该方法，相当于为子类重新定义了 __init__ 方法的功能，从父类继承而来的该方法的功能就自动失效了。为了解决该问题，需要使用 Python 内置的 super 函数，为父类中的 __init__ 方法与子类中的 __init__ 方法建立关联。

下面是修改后的 Student 子类中的 __init__ 方法，super() 函数返回 Student 子类的父类 Person，所以，super().__init__ 引用的就是 Person 类的 __init__ 方法。将该行代码添加到 Student 子类的 __init__ 方法中，会在使用 Student 子类创建新的对象时，自动执行 Person 父类中的 __init__ 方法，以便将 Person 父类为对象设置的初始属性附加给 Student 子类。

```python
class Student(Person):
    def __init__(self, name, grade, sid, sex='男', age=16):
        super().__init__(name, sex, age)
        self.grade = grade
        self.sid = sid
```

下面使用修改后的 Student 子类创建一个新的对象，然后测试该对象的各个属性，现在已经可以返回正确的结果了。

```python
>>> sx = Student('宋翔', '高一', 'S001')
>>> sx.name
'宋翔'
>>> sx.sex
'男'
>>> sx.age
16
>>> sx.grade
'高一'
>>> sx.sid
'S001'
```

如需一次性显示使用 Student 类创建的对象的所有信息，可以使用下面的代码。由于 Student 类的所有属性名都是英文的，所以，使用一个变量以列表的形式存储与这些英文属性名相对应的中文名称，以便提高输出结果的可读性。为了将列表中的各个中文名称与 Student 类的各个属性的值对应上，此处使用 zip 函数将两组数据中相对位置上的元素组合在一起，形成了一个由中文属性名和属性值组成的元组。使用 __dict__ 属性将以字典的形式返回使用 Student 类创建的对象包含的所有属性名及其值。

```python
>>> sx = Student('宋翔', '高一', 'S001')
>>> title = ['姓名', '性别', '年龄', '年级', '编号']
>>> for key, value in zip(title, sx.__dict__.values()):
...     print('{}: {}'.format(key, value))
姓名: 宋翔
性别: 男
年龄: 16
年级: 高一
编号: S001
```

8.2.3 修改子类的属性和方法

虽然子类完全继承了父类的属性和方法，但是其中的某些属性和方法可能需要经过一些修改，才能适合子类的使用要求。修改子类的属性和方法与之前介绍的重新定义子类的 __init__ 方法并无本质区别，根据需要在子类中创建与父类中的同名方法，然后修改该方法的代码，该方法会覆盖父类中的同名方法。这意味着，在使用子类创建的对象调用该方法时，会使用子类中的该方法，而忽略父类中的同名方法。

下面的代码在 Student 类中新增了一个 add_hobby 方法，用于添加学生的爱好。由于爱好通常不止一种，所以，将所有爱好存储到一个列表中。需要在 __init__ 方法中对用于保存爱好的列表进行初始化。在每次创建一个新对象时，为该对象提供一个没有任何爱好的空列表。以后可以使用 add_hobby 方法向该列表中添加一个或多个爱好。

```python
class Student(Person):
    def __init__(self, name, grade, sid, sex='男', age=16):
        super().__init__(name, sex, age)
        self.grade = grade
        self.sid = sid
        self.hobbies = []


    def add_hobby(self, hobby):
        self.hobbies.append(hobby)
```

下面在交互模式中测试 add_hobby 方法的功能。首先使用 Student 类创建一个对象；然后使用新建的对象访问 hobbies 属性，返回的是一个空列表，因为此时还没有添加任何爱好。

```python
>>> sx = Student('宋翔', '高一', 'S001')
>>> sx.hobbies
[]
```

接下来调用对象的 add_hobby 方法添加 3 个爱好，然后再次访问 hobbies 属性，此时将返回由 3 个爱好组成的列表。

```python
>>> sx.add_hobby('唱歌')
>>> sx.add_hobby('音乐')
>>> sx.add_hobby('篮球')
sx.hobbies
['唱歌', '音乐', '篮球']
```

第 9 章　模　　块

模块是扩展名为 .py 的 Python 文件，它是大型 Python 程序的逻辑组件。模块中的代码可以被导入到任何 Python 程序中，以便于代码的重复使用。本章将介绍模块的概念和导入模块前的准备工作，包括创建模块、添加模块搜索路径等，还将介绍导入和重载模块的多种方法。

9.1　为什么使用模块

很多代码都可能会在以后的 Python 程序中重复使用，或者稍加修改变成代码的另一个版本。此时，需要在脚本模式中输入代码，然后将其以文件的形式保存到计算机中。当以后需要在其他程序中使用这些代码时，可以打开包含这些代码的文件，然后复制其中的代码，并将它们粘贴到目标程序中。

这种复制 / 粘贴代码的操作既笨拙，又容易出错，更好的方法是使用 Python 中的导入功能，在当前 Python 程序中导入存储在一个或多个 .py 文件中的代码，然后就可以在当前程序中使用这些代码。这种代码的重用机制适用于任何有效的 Python 代码，对于编写的函数和类来说尤其有用。

模块就是包含需要重复使用的变量、函数和类等程序组件的 .py 文件，可在以后任何时间将其导入到所需的 Python 程序中。

在开发大型 Python 程序时，通常不会将所有代码都存储在一个文件中，而是将完成不同功能的代码分散存储在多个文件中。在这些文件中有一个主文件，它是程序启动的入口，在该文件中通过导入功能来导入其他文件，从而使一个 Python 程序涉及的所有文件中的代码可以连接为一个整体。

简单来说，模块就是：

- 扩展名为 .py 的 Python 文件。
- 能够被任何 Python 程序导入。
- 组成大型 Python 程序的逻辑组件。

9.2　导入模块前的准备工作

本节将介绍导入模块前的准备工作，包括创建模块、运行模块的两种方式、导入模块时的路径搜索顺序、动态添加模块搜索路径。

9.2.1　创建模块

创建模块与创建任何一个 .py 文件没有本质区别。在脚本模式中编写想要存储在模块中的代码，可以只有一个变量赋值语句，也可以包含任意数量的其他有效的语句。不过，最常存储在模块中的是定义的函数和类，方便以后在其他程序中重复使用这些函数和类。

编写好所需的代码后，在脚本模式中执行保存命令，通常可以按 Ctrl+S 组合键执行该命令，然后在弹出的对话框中设置模块的文件名和存储位置，单击"保存"按钮后将创建一个模块，如图 9-1 所示。

图 9-1　设置模块的文件名和存储位置

提示：模块的名称可以使用中文。

在此处创建的 mytools 模块中包含两条独立的语句、两个函数和一个类。

```python
name = input('请输入姓名：')
print('你好，' + name)


def greet(name):
    print('你好，' + name)


def repeat(s, n):
    if isinstance(s, str) and isinstance(n, int):
```

```
            return s * n
    else:
        print(' 数据类型有误，无法正确处理 ')


class Person:
    def __init__(self, name, sex=' 男 ', age=18):
        self.name = name
        self.sex = sex
        self.age = age
    def update_age(self, age):
        self.age = age
```

9.2.2　运行模块的两种方式

创建模块后，可以使用以下两种方式运行模块：

- 以独立程序文件方式运行模块。
- 以导入方式运行模块。

1. 以独立程序文件方式运行模块

以独立程序文件方式运行模块曾在第 1 章介绍过，即在系统命令行窗口中运行模块文件。如需运行前面创建的 mytools 模块，可以使用以下任意一种格式，具体使用哪种方法，取决于是否已在操作系统的环境变量中添加了 Python 解释器和模块所在文件夹的完整路径，具体方法情况参考 1.2.4 小节。

```
"D:\Program Files\Python312\python" E:\ 测试数据 \Python\mytools.py
python E:\ 测试数据 \Python\mytools.py
mytools.py
```

2. 以导入方式运行模块

以导入方式运行模块需要使用 import 语句。下面的代码将在交互模式中导入 mytools 模块。

```
import mytools
```

注意：只有模块位于能被 Python 识别的路径中，才能正确导入该模块。后几个小节将详细介绍模块的搜索路径，此处假设能够正确导入 mytools 模块。

导入模块时会自动执行 mytools 模块中两条独立的语句，因为它们位于模块中定义的所有函数和类之外，即位于模块的全局作用域中，所以，在执行 import 语句后，会在交互模式中显示以下信息：

```
>>> import mytools
请输入姓名：
```

输入一个姓名并按 Enter 键后，会显示以下信息：

```
请输入姓名：宋翔
你好，宋翔
```

导入一个模块时，将自动运行模块全局作用域中的代码，但是不会运行在模块中定义的函数和类内部的代码，而只运行定义的每个函数和类的首行代码，即每条 def 语句和 class 语句，使用它们对函数和类进行最基本的定义，以便使它们成为可以立刻使用的模块的属性。只有在程序中调用该模块中的函数或类时，才会真正运行函数或类内部的代码。

如果在导入模块中不想运行位于模块全局作用域中的代码，但是在系统命令行窗口运行模块时想要运行这些代码，则可以使用 if 语句检测当前模块的 __name__ 属性，如果该属性的值是模块的名称，则说明该模块执行了导入操作；如果该属性的值是 __main__，则说明该模块是作为独立程序文件运行的。

```
if __name__ == '__main__':
    name = input('请输入姓名：')
    print('你好，' + name)
```

9.2.3 导入模块时的路径搜索顺序

导入一个模块时，Python 会依次在以下几个位置搜索该模块，只要找到名称匹配的模块，就不再继续搜索后面的位置。

（1）Python 内置模块。

（2）以独立程序运行的 .py 文件所在的目录。如果是在交互模式中，则是启动 Python 解释器的可执行文件所在的目录。

（3）添加到 PYTHONPATH 环境变量中的路径。

（4）Python 标准库。

注意：以独立程序运行的 .py 文件所在的目录中的模块名称，如果与 Python 标准库中的模块同名，则导入的是该目录中的模块，而不是标准库中的同名模块，通常这可能不是希望的结果。

使用 sys 模块的 path 属性可以查看导入模块时搜索的所有路径。使用该模块前，需要先将其导入，代码如下：

```
>>> import sys
>>> sys.path
['', 'D:\\Program Files\\Python312\\Lib\\idlelib', 'D:\\Program Files\\Python312\\
python312.zip', 'D:\\Program Files\\Python312\\DLLs', 'D:\\Program Files\\Python312\\
Lib', 'D:\\Program Files\\Python312', 'D:\\Program Files\\Python312\\Lib\\site-
packages']
```

如需使每个路径显示在单独的一行中，可以使用 for 语句处理 path 属性返回的路径列表，代码如下：

```
>>> for p in sys.path:
...     print(p)
D:\Program Files\Python312\Lib\idlelib
D:\Program Files\Python312\python312.zip
D:\Program Files\Python312\DLLs
D:\Program Files\Python312\Lib
D:\Program Files\Python312
D:\Program Files\Python312\Lib\site-packages
```

9.2.4　动态添加模块搜索路径

如果只是临时需要导入某个目录中的模块，则可以使用 append 方法在 sys 对象的 path 属性返回的列表中添加该路径，在交互模式中测试模块时尤其有用。当重新启动 Python 解释器时，使用这种方法添加的路径不复存在，需要重新使用 append 方法再次添加该路径。

下面的代码在交互模式中向模块搜索路径列表中添加一个路径，然后导入该路径中的 mytools 模块。添加路径前需要先导入 sys 模块，添加的路径显示在模块搜索路径列表的末尾。

```
>>> import sys
>>> sys.path.append('E:\ 测试数据 \Python')
>>> sys.path
['', 'D:\\Program Files\\Python312\\Lib\\idlelib', 'D:\\Program Files\\Python312\\
python312.zip', 'D:\\Program Files\\Python312\\DLLs', 'D:\\Program Files\\Python312\\
Lib', 'D:\\Program Files\\Python312', 'D:\\Program Files\\Python312\\Lib\\site-
packages', 'E:\\ 测试数据 \\Python']
>>> import mytools
```

9.2.5　使用 PYTHONPATH 环境变量添加模块搜索路径

如果不想每次都依赖 sys 模块中的 path 属性的 append 方法来添加所需的路径，则可以将这些路径添加到操作系统的 PYTHONPATH 环境变量中。在 PYTHONPATH 环境变量中保存的路径是永久存在的，就像那些 Python 默认的搜索路径一样。

使用 1.2.4 小节中的方法，打开"环境变量"对话框，单击"新建"按钮，在弹出的对话框中将"变量名"设置为 PYTHONPATH，将"变量值"设置为所需的路径，如图 9-2 所示。

图 9-2　创建 PYTHONPATH 环境变量

　　单击"确定"按钮，将创建 PYTHONPATH 环境变量，如图 9-3 所示。然后单击"确定"按钮，关闭"环境变量"对话框。

图 9-3　创建好的 PYTHONPATH 环境变量

　　如果在创建 PYTHONPATH 环境变量之前已经启动了 Python 解释器，则需要关闭它，然后再重新启动它。接着导入 sys 模块，并使用 path 属性查看模块搜索路径列表，此时可以看到刚才在 PYTHONPATH 环境变量中添加的路径。

```
>>> import sys
>>> sys.path
['', 'D:\\Program Files\\Python312\\Lib\\idlelib', 'E:\\ 测试数据 \\Python', 'D:\\
Program Files\\Python312\\python312.zip', 'D:\\Program Files\\Python312\\DLLs', 'D:\\
Program Files\\Python312\\Lib', 'D:\\Program Files\\Python312', 'D:\\Program Files\\
Python312\\Lib\\site-packages']
```

9.3 导入和重载模块

可以使用多种方法导入模块，了解这些方法之间的区别很重要，因为每种方法会直接影响导入模块后使用其中的变量、函数和类的方法。本节将介绍使用 import 语句和 from 语句导入模块的多种方法，以及使用 reload 函数重载模块以反映其最新修改的方法。

9.3.1 导入一个或多个模块

在 Python 中导入模块需要使用 import 语句，前面曾经使用过该语句，但是并未涉及过多细节。导入一个模块最简单的方法就是输入 import 关键字、一个空格及不带扩展名的模块文件名。下面是前面曾经出现过的代码，在交互模式中导入 mytools 模块。

```
>>> import mytools
```

导入模块后，该模块将变成一个对象，其名称是不带扩展名的模块文件名。模块中的全局变量、函数和类都变成该模块对象的属性。前面创建的 mytools 模块包含有以下几种元素：

- 一个全局变量：name。
- 两个函数：greet 和 repeat。
- 一个类：Person。

在当前程序中导入 mytools 模块后，需要以属性的方式访问上面列出的所有元素。如需访问 name 变量，需要使用下面的代码：

```
>>> mytools.name
```

如需调用 greet 函数，需要使用下面的代码：

```
>>> mytools.greet('宋翔')
你好，宋翔
```

调用该函数后将显示一条问候语。

如需使用多个模块中的函数或类，可以在一条 import 语句中一次性导入多个模块，各个模块名之间使用逗号分隔。下面的代码将导入 sys 和 os 两个模块。

```
import sys, os
```

9.3.2 导入模块中的所有变量、函数和类

如果在使用导入的模块中的变量、函数和类时，不想在它们的开头输入模块的名称和英文句点，而是直接输入它们的名称，就像它们是在当前程序中创建的一样，则可以使用 from 语句。

下面的代码将导入 mytools 模块中的所有变量、函数和类，此时需要先输入 from 关键字，然后输入要导入的模块名，再输入 import 关键字，最后输入一个 *。

```
from mytools import *
```

接下来就可以直接使用 mytools 模块中的变量、函数和类，而不需要在它们的开头添加模块名和一个英文句点。

```
>>> from mytools import *
>>> greet('宋翔')
你好，宋翔
>>> repeat('你好', 3)
'你好你好你好'
>>> sx = Person('宋翔')
>>> sx.sex
'男'
```

9.3.3　只导入模块中的特定变量、函数和类

如果只需要使用模块中特定的一个或多个变量、函数或类，则可以只导入它们，这样更有针对性，并可避免导致太多的未知元素而覆盖当前程序中的同名元素。下面的代码只导入 mytools 模块中的 greet 函数。由于没有导入 repeat 函数，所以，调用该函数时将导致程序出错。

```
>>> from mytools import greet
>>> greet('宋翔')
你好，宋翔
>>> repeat('你好', 3)
NameError: name 'repeat' is not defined
```

下面的代码只导入 mytools 模块中的 repeat 函数和 Person 类。

```
>>> from mytools import repeat, Person
>>> repeat('你好', 3)
'你好你好你好'
>>> sx = Person('宋翔')
>>> sx.sex
'男'
>>> greet(sx.name)
NameError: name 'greet' is not defined
```

9.3.4　为导入的模块、变量、函数或类设置别名

如果模块的名称或其中的变量、函数或类的名称比较复杂，不易输入，则可以在导入时为它们设置别名，以简化输入且便于记忆。下面的代码在导入 mytools 模块时，将 mt 设置为该模块的别名，然后可以在代码中使用 mt 代替 mytools。

```
>>> import mytools as mt
>>> mt.greet('宋翔')
你好，宋翔
```

下面的代码只导入 mytools 模块中的 Person 类，并将 P 设置为该类的别名。

```
>>> from mytools import Person as P
>>> sx = P('宋翔')
>>> sx.sex
'男'
```

9.3.5　查看导入的模块包含的所有属性

使用 dir 函数可以查看已导入的某个模块包含的所有属性，返回的是一个列表。下面的代码将列出 mytools 模块包含的所有属性，以 __ 开头和结尾的名称都是 Python 内置的具有特殊含义的属性。

```
>>> import mytools
>>> dir(mytools)
['Person', '__builtins__', '__cached__', '__doc__', '__file__', '__loader__',
'__name__', '__package__', '__spec__', 'greet', 'name', 'repeat']
```

9.3.6　重载模块以反映模块的最新修改

导入模块只能产生一次效果。如果在导入模块后修改了该模块中的代码，则修改后的代码不会更新到当前程序中。例如，如果修改了模块中一个全局变量的值，修改该变量前已将该模块导入，修改代码后，在当前程序中引用该变量时，它引用的还是修改代码前的值。即使重新使用 import 语句再次导入该模块，修改结果也不会在当前程序中体现出来。

解决这个问题的方法是使用 importlib 模块中的 reload 函数重载指定的模块，即可在当前程序中反映出模块的最新修改。importlib 是 Python 标准库中的模块，可以直接导入该模块而不会出错。reload 函数有一个参数，表示要重载的模块名。

下面的代码先导入未经修改的模块，并调用其中的 greet 函数显示一条问候语。

```
>>> import mytools
>>> mytools.greet('宋翔')
```

```
你好，宋翔
```

然后修改 mytools 模块中的 greet 函数，在问候语的结尾添加一个感叹号。

```
def greet(name):
    print('你好，' + name + '！')
```

重新使用 import 语句导入 mytools 模块并调用 greet 函数，修改后的代码并未生效。

```
>>> import mytools
>>> mytools.greet('宋翔')
你好，宋翔
```

接下来导入 importlib 模块，然后调用该模块中的 reload 函数，并将 mytools 作为参数传递给 reload 函数。

```
>>> import importlib
>>> importlib.reload(mytools)
```

再次调用 mytools 模块中的 greet 函数，将使用该函数修改后的代码在问候语的结尾输出感叹号。

```
>>> mytools.greet('宋翔')
你好，宋翔！
```

第10章 文　　件

任何程序都需要从文件中读取数据或向文件写入数据。使用 Python 的内置功能和标准库中的工具，以及一些第三方工具，可以处理不同类型的文件。本章首先介绍编程处理文件所需了解的文件和路径的基础知识；然后介绍使用 Python 内置的 open 函数和文件对象，以及 Python 标准库中的 pickle 和 shelve 两个模块处理文本文件和二进制文件的方法；最后介绍使用第三方工具在 Python 中处理 Word 文档和 Excel 工作簿的方法。

10.1　了解文件的路径

在开始处理任何文件之前，应该了解文件路径方面的知识。计算机中的每个文件都有一个路径，它指明了文件在计算机中的具体位置。只有知道文件的位置，程序才能找到并处理这个文件。

10.1.1　当前工作目录

如果是在交互模式中输入代码，则当前工作目录就是 Python 解释器的可执行文件所在的位置。如果是以独立程序运行的脚本文件，则当前工作目录就是脚本文件所在的位置。

使用 Python 标准库中的 os 模块的 getcwd 函数可以查看当前工作目录。使用该模块前需要先将其导入，代码如下：

```
import os
os.getcwd()
```

使用该模块中的 chdir 函数可以改变当前工作目录，代码如下：

```
import os
os.chdir('E:\测试数据\Python')
```

提示：由于\P 可能导致字符的转义，所以，为了避免出现问题，可以在第一个引号的左侧添加一个字母 r，或者将路径分隔符改成双斜线，从而禁止字符转义。本章后面示例中的路径都将使用双反斜线的形式。

```
os.chdir(r'E:\ 测试数据 \Python')
os.chdir('E:\\ 测试数据 \\Python')
```

10.1.2　绝对路径和相对路径

路径分为绝对路径和相对路径两种。绝对路径就是一个文件在计算机中的明确且具体的位置，它总是从一个磁盘驱动器开始。下面是绝对路径的一个例子，该路径指明：名为test.txt 的文件位于 E 盘根目录的"测试数据"文件夹中的"Python"子文件夹中。

```
E:\ 测试数据 \Python\test.txt
```

相对路径由当前工作目录决定。假设当前工作目录是"C:\Python"，如果给出的路径只有文件名"test.txt"，则它表示的绝对路径如下：

```
C:\Python\test.txt
```

指定一个路径时，可以使用一个英文句点"."表示当前文件夹，使用两个英文句点".."表示当前文件夹的父文件夹。假设当前工作目录是"C:\Python"，下面的代码表示的路径是 Python 文件夹的父文件夹中名为 Excel 的文件夹，即"C:\Python\Excel"。在本例中，Python 文件夹的父文件夹就是 C 盘的根目录。

```
..\Excel
```

10.1.3　检测路径和文件是否存在

为了避免由于使用不存在的路径而导致程序出错，可以在执行与路径相关的操作之前，使用 os.path 模块中的 exists 函数检测指定的路径是否存在。下面的代码根据当前工作目录和文件名拼接出一个路径，然后使用 exists 函数检测该路径是否存在。由于该函数返回 True，所以，说明该路径存在。

```
>>> import os
>>> os.path.exists('..\\Excel')
True
```

使用 exists 函数也可以检测指定的文件是否存在，与检测路径的方法类似，只不过需要在路径的末尾添加文件名。下面的代码检测上一个示例中的当前工作目录的父文件夹中的 Excel 文件夹中是否存在 test.txt 文件，如果存在，则返回 True，否则，返回 False。

```
>>> os.path.exists('..\\Excel\\test.txt')
False
```

10.2　处理文本文件

文本文件是一种跨平台的通用文件格式，适合在不同的操作系统和程序之间交换数据。文本文件的扩展名是 .txt。使用 Python 内置的 open 函数可以打开文本文件，然后使用文件对象的多种方法在文本文件中读取和写入数据。

10.2.1　打开和关闭文本文件

使用 open 函数可以打开一个文本文件。open 函数包含多个参数，最常用的是前两个参数，第一个参数表示要打开的文本文件的路径，第二个参数表示打开模式。在代码中指定这两个参数的值时，需要使用字符串格式。文本文件的打开模式有以下几种：

- r：读取模式，只能读取文本文件中的数据，省略第二个参数时默认使用该模式。
- w：写入模式，只能向文本文件中写入数据，使用该模式会清除原有数据。
- r+：读取和写入模式，在文本文件中读取或写入数据，不会清除原有数据。
- a：追加模式，将数据添加到文本文件的末尾，不会清除原有数据。

下面的代码以读取模式打开指定路径中名为 test.txt 的文本文件。

```
>>> open('E:\\ 测试数据 \\Python\\test.txt', 'r')
```

可以使用一个变量保存文件的路径，便于以后随时处理该路径。

```
>>> filename = 'E:\\ 测试数据 \\Python\\test.txt'
>>> open(filename, 'r')
```

处理完文件后，应该及时将其关闭，从而释放文件占用的系统资源。文件对象的 close 方法用于关闭指定的文件。为了便于调用该方法，在打开文件时，应该将 open 函数返回的文件对象赋值给一个变量，以后可以使用该变量来引用已打开的文件。下面的代码将打开的文本文件赋值给变量 file，然后使用该变量表示的文件对象调用 close 方法关闭该文件。

```
>>> filename = 'E:\\ 测试数据 \\Python\\test.txt'
>>> file = open(filename, 'r')
>>> file.close()
```

10.2.2　让 Python 适时自动关闭文本文件

使用 10.2.1 小节介绍的 open 函数和 close 方法，是打开和关闭一个文件时的规范操作。如果在执行 close 方法之前程序出现错误，则会在未正常关闭文件的情况下终止程序，这样有可能会破坏文件中的数据。

一种更妥善的方法是使用 with 语句打开文件，Python 会在最佳时机自动关闭文件，这样可以避免上述问题。由于 with 是一个语句而非表达式，所以，不能直接将其赋值给一个变量，而是将用于表示文件对象的变量放在 with 语句的 as 子句中。with 语句是一个复合语句，第一行用于打开一个文件，其他行用于处理该文件。

下面的代码使用 with 语句打开 10.2.1 小节中的 test.txt 文件，功能与单独使用 open 函数一样，只不过何时需要关闭文件完全由 Python 决定，无须再使用 close 方法关闭文件。此处的 with 语句只是单纯的打开该文件，并未对其执行任何操作。

```
>>> filename = 'E:\\ 测试数据 \\Python\\test.txt'
>>> with open(filename, 'r') as file:
...     pass
```

10.2.3 在文本文件中写入一行或多行文本

将 open 函数的第二个参数设置为 w，然后可以使用文件对象的 write 方法在打开的文本文件中写入文本。在脚本模式中使用下面的代码在 test.txt 文件中写入一行文本。

```
filename = 'E:\\ 测试数据 \\Python\\test.txt'
file = open(filename, 'w')
file.write(' 这是第一行 ')
file.close()
```

在操作系统的文件资源管理器中打开这个文本文件，可以看到已经写入一行文本，如图 10-1 所示。

图 10-1　在文本文件中写入一行文本

提示：如果是在交互模式中逐行输入上面的代码，则使用 write 方法写入数据时，该方法会返回写入数据的字符数。

如需继续在下一行写入数据，可以继续使用 file 对象的 write 方法，代码如下：

```
filename = 'E:\\ 测试数据 \\Python\\test.txt'
file = open(filename, 'w')
file.write(' 这是第一行 ')
file.write(' 这是第二行 ')
file.close()
```

运行上面的代码后，新添加的文本并未显示在第二行，而是直接添加到第一行文本的末尾，如图 10-2 所示。

图 10-2　将文本添加到错误的位置

之所以会出现这种情况，是因为 write 方法只是单纯地将文本写入文件，并不会在文本末尾添加换行符。为了在文件中写入多行文本，需要手动在每行文本的末尾添加"\n"。下面是修改后的代码，运行该代码将在文件中显示正确的格式，如图 10-3 所示。

```
filename = 'E:\\ 测试数据 \\Python\\test.txt'
file = open(filename, 'w')
file.write(' 这是第一行 \n')
file.write(' 这是第二行 \n')
file.close()
```

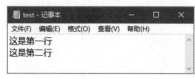

图 10-3　正确显示多行文本

10.2.4　在文本文件的末尾添加文本

将 open 函数的第二个参数设置为 a，然后可以使用文件对象的 write 方法将文本添加到文本文件的末尾。在脚本模式中使用下面的代码在 test.txt 文件的末尾添加一行文本。

```
filename = 'E:\\ 测试数据 \\Python\\test.txt'
file = open(filename, 'a')
file.write(' 这是最后一行 ')
file.close()
```

如果以后还有可能在该文件的末尾继续添加新的文本，则需要在使用 write 方法写入的文本末尾添加换行符"\n"，否则在下次添加文本时，会将新增文本添加到文件中最后一行文本的末尾。如果在添加最后一行文本时没有加入"\n"，则可以在下次追加文本时，在文本开头添加"\n"。

```
file.write('\n 这是最后一行 ')
```

10.2.5　写入文本时添加空行

如需在写入文本时添加空行，可以将"\n"作为 write 方法的参数，即使用该方法只写入一个换行符，如图 10-4 所示。

```
filename = 'E:\\ 测试数据 \\Python\\test.txt'
file = open(filename, 'w')
file.write(' 这是第一行 \n')
file.write('\n')
file.write(' 这是第二行 \n')
file.write('\n')
file.write(' 这是最后一行 \n')
file.close()
```

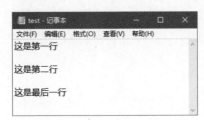

图 10-4　写入文本时添加空行

也可以在写入的某行文本的末尾添加两个"\n"，从而起到添加空行的作用。

```
filename = 'E:\\ 测试数据 \\Python\\test.txt'
file = open(filename, 'w')
file.write(' 这是第一行 \n\n')
file.write(' 这是第二行 \n\n')
file.write(' 这是最后一行 \n')
file.close()
```

10.2.6　读取文本文件中的一行文本

使用文件对象的 readline 方法，可以每次读取文本文件中的一行文本。下面的代码以读取模式打开 test.txt 文件，然后读取该文件中的第一行文本。readline 方法以字符串格式返回读取到的文本。

```
>>> filename = 'E:\\ 测试数据 \\Python\\test.txt'
>>> file = open(filename, 'r')
>>> file.readline()
这是第一行
```

在返回的结果中多出一个空行，这是因为文本行末尾的换行符"\n"所致。如果不想在返回的结果中显示空行，则可以使用字符串对象的 rstrip 方法删除返回的文本右侧的换行符，代码如下：

```
file.readline().rstrip()
```

再次执行 readline 方法时，将读取文件中的第二行文本。在一个文本文件打开期间，每执行一次 readline 方法，会继续读取下一行文本。读取到文件结尾时，readline 方法将返回空字符串。

10.2.7　逐一读取文本文件中的每一行文本

如需逐一读取并处理文本文件中的每行文本，可以使用 for 语句迭代整个文本文件中的内容，每次处理一行文本。下面的代码输出文本文件中的每行文本。

```
filename = 'E:\\ 测试数据 \\Python\\test.txt'
file = open(filename, 'r')
for line in file:
    print(line.rstrip())
```

运行结果如下：

```
这是第一行
这是第二行
这是最后一行
```

10.2.8　一次性读取文本文件中的所有行文本

使用文件对象的 readlines 方法，可以一次性读取文本文件中的所有行，返回的是由这些行组成的列表，返回的每行文本都是列表中的一个元素，类似于下面的形式：

```
[' 这是第一行 \n', ' 这是第二行 \n', ' 这是最后一行 \n']
```

下面的代码与 10.2.7 小节中的示例具有相同的功能，此处使用的是 readlines 方法。

```
filename = 'E:\\ 测试数据 \\Python\\test.txt'
file = open(filename, 'r')
lines = file.readlines()
for line in lines:
    print(line.rstrip())
```

如果不想使用 rstrip 函数，也可以使用字符串切片实现相同的功能，将

```
print(line.rstrip())
```

改为

```
print(line[:-1])
```

10.2.9　一次性读取文本文件中的所有文本

使用文件对象的 read 方法，可以一次性读取文本文件中的所有文本，并以字符串格式返回。如果为 read 方法提供一个数字作为参数，则将读取指定数量的字符。

在交互模式中输入下面的代码，读取 test.txt 文件中的所有文本，并将其赋值给变量 content，然后显示 content 变量中的值，读取到的所有内容在一对单引号中，所有内容被当作一个字符串。

```
>>> filename = 'E:\\ 测试数据 \\Python\\test.txt'
>>> file = open(filename, 'r')
>>> content = file.read()
>>> content
' 这是第一行 \n 这是第二行 \n 这是最后一行 \n'
```

如果是在脚本模式中输入上述代码，并想在运行时也可以显示读取到的内容的原始字符串格式，即包含换行符 "\n"，则需要将上面最后一行代码改为以下形式：

```
print(repr(content))
```

提示：如果不理解为什么在脚本模式中需要使用 print 函数才能在运行程序后输出结果，请参阅第 3 章。repr 是一个 Python 内置函数，用于以字符串的原貌显示输出结果，而非格式化后的。

读取文本文件中的所有文本后，可以使用字符串对象的方法和序列对象支持的操作来处理这个"大"字符串。由于每行结尾都有一个换行符，所以，可以使用 split 方法以换行符为分界线将各行文本拆分为独立的个体。拆分后得到是以各行文本为独立元素组成的列表。

```
>>> lines = content[:-1].split('\n')
>>> lines
[' 这是第一行 ', ' 这是第二行 ', ' 这是最后一行 ']
```

然后就可以对列表中的特定元素或所有元素进行所需的处理。下面的代码在每个元素的开头添加了表示行的编号。

```
>>> n = 1
>>> for line in lines:
...     print(str(n) + ': ' + line)
...     n += 1
1: 这是第一行
2: 这是第二行
3: 这是最后一行
```

如果只想读取指定数量的字符，则可以为 read 方法提供一个参数。下面的代码从打开的文本文件中读取前 6 个字符。

```
filename = 'E:\\ 测试数据 \\Python\\test.txt'
file = open(filename, 'r')
print(file.read(6))
```

10.2.10　重新读取文本文件中的文本

使用 open 函数打开一个文本文件后，无论使用哪种方法读取文本，文件对象的位置都在向着文件末尾的方向移动。读取到文件末尾后，再次读取该文件将返回空字符串。有时可能想要重新读取文件中的文本，此时可以使用文件对象的 seek 方法修改文件对象在文件中的位置。

下面的代码先使用文件对象的 read 方法读取打开的文本文件中的所有文本，然后进入 while 循环，由于将其检测条件设置为 True，所以，while 语句中的代码会一直反复运行。在 while 语句内部，使用 Python 内置的 input 函数显示一条信息，询问用户是否想重新读取文件，用户只有输入"不想"才能结束程序，输入其他任何内容，甚至不输入内容，都会反复读取文件中的文本。为了每次都能重新读取文件中的文本，需要使用文件对象的 seek 方法将文件位置移动到文件的开头，即将 seek 方法的参数设置为 0。

```
filename = 'E:\\ 测试数据 \\Python\\test.txt'
file = open(filename, 'r')
print(file.read())
while True:
    ans = input('还想重新读取文件吗？')
    if ans == ' 不想 ': break
    file.seek(0)
    print(file.read())
```

运行结果如下：

```
这是第一行
这是第二行
这是最后一行

还想重新读取文件吗？想
这是第一行
这是第二行
这是最后一行

还想重新读取文件吗？
这是第一行
这是第二行
这是最后一行

还想重新读取文件吗？不想
>>>
```

10.3　处理二进制文件

文本文件中的内容都是直观可读的字符，虽然文本文件被普遍使用，但是计算机程序处理更多的是二进制文件。如果使用操作系统中的文本编辑程序强行打开一个二进制文件，则会显示人眼无法识别的所谓的乱码。使用 Python 标准库中的 pickle 和 shelve 两个模块，可以读取和写入二进制文件中的数据。

10.3.1　打开二进制文件

使用 Python 内置的 open 函数不但可以打开文本文件，还可以打开二进制文件。打开二进制文件时，只需将该函数的第二个参数设置为 rb 或 wb。rb 表示读取二进制文件中的数据，wb 表示将数据写入二进制文件。下面的代码以写入模式打开名为 player.dat 的二进制文件，当该文件不存在时会被自动创建。

```
filename = 'E:\\ 测试数据 \\Python\\player.dat'
file = open(filename, 'wb')
```

10.3.2　使用 pickle 模块处理二进制文件

使用 pickle 模块可以将 Python 中的任意对象写入二进制文件中，并可在以后随时从二进制文件中读取已写入的数据。下面的代码使用 open 函数打开 player.dat 二进制文件，然后使用 pickle 模块中的 dump 函数，将一个包含用户名的列表写入该文件。dump 函数的第一个参数表示要写入的内容，第二个参数是要写入的文件对象。

```
import pickle
filename = 'E:\\ 测试数据 \\Python\\player.dat'
file = open(filename, 'wb')
names = ['AAA', 'BBB', 'CCC']
pickle.dump(names, file)
file.close()
```

如需读取二进制文件中的数据，可以使用 pickle 模块中的 load 函数，将文件对象作为该函数的参数。下面的代码从前面创建的 player.dat 文件中读取用户名的列表。由于是读取文件中的数据，所以，需要将 open 函数的第二个参数设置为 rb。

```
>>> file = open(filename, 'rb')
>>> pickle.load(file)
['AAA', 'BBB', 'CCC']
```

也可以将多组数据写入二进制文件。下面的代码将用户名和年龄两组数据写入 player.dat 文件。

```
import pickle
filename = 'E:\\ 测试数据 \\Python\\player.dat'
file = open(filename, 'wb')
name = ['AAA', 'BBB', 'CCC']
age = [26, 18, 35]
pickle.dump(name, file)
pickle.dump(age, file)
file.close()
```

如需显示两组数据，则需要调用两次 pickle 模块的 load 函数，将按照写入数据的顺序，依次显示两组数据。

```
>>> file = open(filename, 'rb')
>>> pickle.load(file)
['AAA', 'BBB', 'CCC']
>>> pickle.load(file)
[26, 18, 35]
```

由于上面示例中写入的两组数据是相关的，所以，可以使用字典来存储它们，并将字典写入二进制文件，代码如下：

```
import pickle
filename = 'E:\\ 测试数据 \\Python\\player.dat'
file = open(filename, 'wb')
player_data = {'AAA': 26, 'BBB': 18, 'CCC': 35}
pickle.dump(player_data, file)
file.close()
```

在交互模式中测试数据写入效果，以读取模式打开 player.dat 文件，然后调用 pickle 模块的 load 函数，将读取并显示其中的字典。

```
>>> file = open(filename, 'rb')
>>> pickle.load(file)
{'AAA': 26, 'BBB': 18, 'CCC': 35}
```

10.3.3　使用 shelve 模块处理二进制文件

与 pickle 模块类似，使用 shelve 模块也可以读取和写入二进制文件中的数据。使用 shelve 模块读取和写入数据的方式与字典类似，也是通过键来获取与其关联的值。shelve 模块自带一个 open 函数，用于打开或创建指定的二进制文件。使用该函数打开或创建的文件默认为读取和写入模式，无须额外指定打开模式。

下面的代码使用 shelve 模块创建一个与 10.3.2 小节类似的 player.dat 文件，将用户的姓名和年龄写入该文件。需要注意的是，在 shelve 模块的 open 函数中不能给出文件的扩展名，Python 会自动为其添加扩展名，否则将导致程序出错。

```
import shelve
filename = 'E:\\ 测试数据 \\Python\\player'
file = shelve.open(filename)
player_data = {'AAA': 26, 'BBB': 18, 'CCC': 35}
file['player'] = player_data
file.close()
```

由于使用 shelve 模块的 open 函数打开的文件默认就是可读取和可写入的，所以，在写入数据后，只要还没关闭该文件，就可以立刻读取其中的数据。如果关闭了该文件，则可以使用 shelve 模块的 open 函数打开该文件，然后读取其中的数据。在交互模式中使用下面的代码从 player.dat 文件中读取与"player"键关联的值，该键的名称是在写入数据时由用户指定的。

```
>>> file = shelve.open(filename)
>>> file['player']
{'AAA': 26, 'BBB': 18, 'CCC': 35}
```

10.4　处理 CSV 文件

本节和后两节将介绍使用 Python 编程处理特定类型文件的方法。CSV 文件是一种使用特定符号分隔数据项的文本文件，在 Excel 中可以直接打开 CSV 格式的文件，CSV 文件中的每行都表示 Excel 工作表中的一行，一行中由逗号分隔的各项数据都对应于 Excel 工作表中一行的各个单元格。使用 Python 标准库中的 csv 模块，可以读取和写入 CSV 文件中的数据，还可以自定义设置 CSV 文件中用于分隔数据项的分隔符。

10.4.1　读取 CSV 文件中的数据

图 10-5 所示是本小节和后两小节需要处理的 CSV 文件。

图 10-5　需要处理的 CSV 文件

使用 csv 模块中的 reader 函数，可以读取 CSV 文件中的数据。使用 csv 模块前，需要先使用 import 语句导入该模块。下面的代码先导入 csv 模块，然后使用 open 函数打开一个 CSV 文件，再使用 csv 模块的 reader 函数读取该文件中的所有数据，该函数会返回 reader 对象。

由于 reader 函数与 Python 内置的 range 函数类似，不能直接返回读取到的内容，所以，需要在 reader 函数的外层套用一个 list 函数，以列表的形式返回从 CSV 文件中读取到的数据。最后使用文件对象的 close 方法关闭 CSV 文件，代码如下：

```
import csv
file = open(' 销售数据 .csv')
print(list(csv.reader(file)))
file.close()
```

运行结果如下：

```
[['牛奶 ', ' 北京 ', '30'], [' 牛奶 ', ' 天津 ', '20'], [' 酸奶 ', ' 北京 ', '50'], [' 酸奶 ',
' 上海 ', '30'], [' 果汁 ', ' 天津 ', '10'], [' 果汁 ', ' 上海 ', '60'], []]
```

如需对读取到的数据进行处理，可以将以列表形式返回的数据赋值给一个变量，然后就可以使用列表对象支持的所有操作来处理这些数据。上面返回的结果是一个嵌套列表，每个内层列表都是外层列表中的一个元素，每个内层列表对应 CSV 文件中的一行。每个内层列表中的每个字符串类型的元素对应 CSV 文件某一行中的一个数据项。

对列表进行索引可以获取所需的内层列表或内层列表中的某个元素。下面的代码输出返回的所有数据中位于 CSV 文件第二行的整行数据。在返回的列表中，第二个内层列表对应的索引号是 1。

```
import csv
file = open(' 销售数据 .csv')
data = list(csv.reader(file))
print(data[1])
file.close()
```

运行结果如下：

```
[' 牛奶 ', ' 天津 ', '20']
```

如需获取 CSV 文件中第三行的第二个元素，可以为列表对象使用两个索引，第一个索引用于引用某个内层列表，第二个索引用于引用该内层列表中的某个元素。

```
import csv
file = open(' 销售数据 .csv')
data = list(csv.reader(file))
print(data[2][1])
file.close()
```

运行结果如下：

```
北京
```

10.4.2　向 CSV 文件中写入数据

如需向 CSV 文件中写入数据，可以先使用 csv 模块的 writer 函数返回一个 writer 对象，然后使用该对象的 writerow 方法将一行数据写入 CSV 文件，如图 10-6 所示。

```
import csv
file = open(' 销售数据 .csv', 'w', newline='')
datawriter = csv.writer(file)
datawriter.writerow(['A', 666, 888])
```

图 10-6　向 CSV 文件中写入一行数据

注意：以写入模式打开 CSV 文件时，务必将 open 方法的 newline 参数设置为空字符串，否则在写入多行数据时，相邻的两行数据之间会存在空行。

使用 writer 对象的 writerows 方法可以一次性将多行数据写入 CSV 文件，如图 10-7 所示。多行数据由嵌套的列表组成，外层列表中的每个元素表示行，内层列表中的每个元素表示每行中的数据项。

```
import csv
file = open(' 销售数据 .csv', 'w', newline='')
datawriter = csv.writer(file)
data = [['A', 1, 10], ['B', 2, 20], ['C', 3, 30]]
datawriter.writerows(data)
file.close()
```

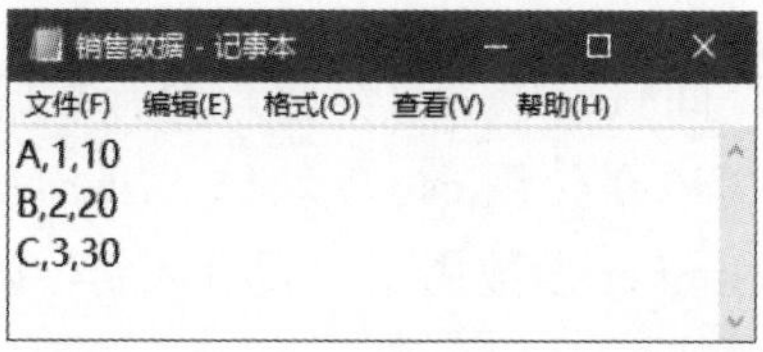

图 10-7　在 CSV 文件中写入多行数据

在了解了写入数据的方法之后，可以编写代码修改 CSV 文件中的数据。假设要将 10.4.1 小节中的 CSV 文件的每行第三个表示销量的数据扩大 10 倍，其他数据保持不变，则代码如下：

```
file = open(' 销售数据 .csv')
data = csv.reader(file)
alldata = []
```

```
for line in data:
    line[-1] = int(line[-1]) * 10
    alldata.append(line)
file.close()

file = open('销售数据 .csv', 'w', newline='')
datawriter = csv.writer(file)
datawriter.writerows(alldata)
file.close()
```

代码解析：首先以读取模式打开 CSV 文件，然后使用 reader 函数读取该文件中的所有数据，并将其赋值给变量 data。接着使用 for 语句逐一处理 data 变量中的每行数据，通过使用索引 [-1] 提取每行最后一个数据，使用 int 函数将其转换为整数后再乘以 10，然后将计算结果赋值给该数据，以覆盖原来的数据。再使用 append 方法将刚处理完的一行数据添加到 alldata 列表中。接下来以写入模式打开同一个 CSV 文件，使用 writer 函数基于该文件创建 writer 对象，然后使用该对象的 writerows 方法将 alldata 变量中的所有数据一次性写入 CSV 文件，最后关闭该文件。

修改后的 CSV 文件中的数据如图 10-8 所示。

图 10-8　修改后的 CSV 文件中的数据

10.4.3　修改数据项之间的分隔符和行结束符

CSV 文件中的各项数据之间默认以逗号分隔，每行数据默认以一个换行符结束。如需将这项修改为其他符号，可以在使用 csv 模块的 writer 函数时，为其指定 delimiter 和 lineterminator 关键字参数。delimiter 参数用于设置分隔符，lineterminator 参数用于设置行结束符。

下面的代码在使用 csv 模块的 writer 函数基于 CSV 文件创建 writer 对象时，将 delimiter 参数设置为"\t"，表示使用制表符分隔数据项，如图 10-9 所示。

```
import csv
file = open('销售数据 .csv', 'w', newline='')
datawriter = csv.writer(file, delimiter='\t')
datawriter.writerows(alldata)
file.close()
```

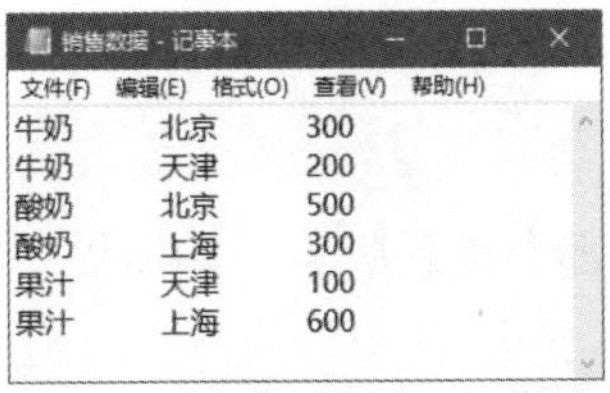

图 10-9　使用制表符分隔数据项

10.5　处理 Word 文档

如需使用 Python 编程处理 Word 文档，需要安装第三方模块。本节以 python-docx 模块为例，介绍使用该模块处理 Word 文档的方法。

10.5.1　在 Python 中安装 python-docx 模块

到目前为止，一直使用的都是 Python 内置的模块和函数，而 python-docx 模块不是 Python 内置的，所以需要先安装它，然后才能在 Python 中使用。无论在 Python 中安装哪种模块，都需要在系统命令行窗口中输入以下格式的命令：

```
pip install 模块名
```

其中的 pip 工具是在安装 Python 程序时自动安装的。

安装用于处理 Word 文档的 python-docx 模块需要输入下面的命令：

```
pip install python-docx
```

按 Enter 键执行该命令，将开始安装 python-docx 模块，如图 10-10 所示。

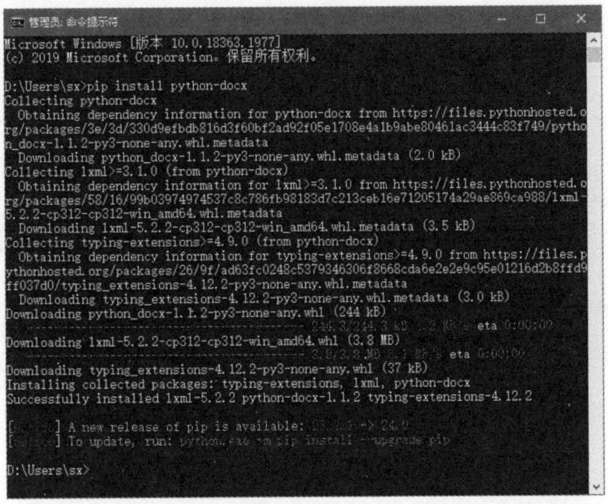

图 10-10　安装 python-docx 模块

以后可以随时卸载 python-docx 模块，只需在系统命令行窗口中输入下面的命令：

```
pip install python-docx
```

随着时间的推移，很多模块都会更新版本，如需更新已安装在计算机中的模块，可以使用 -U 参数，代码如下：

```
pip install -U python-docx
```

如果在 Python 交互模式下输入以下语句没有出现错误，则说明成功安装 python-docx 模块，并可使用它处理 Word 文档了。编写 Python 代码时，python-docx 模块在代码中的名称是 docx，而非 python-docx。

```
import docx
```

10.5.2 新建并保存 Word 文档

python-docx 模块中的 Document 对象代表文档，使用该模块中的 Document 类可以创建一个新文档，然后使用该对象的 save 方法可以将文档保存到计算机中指定的位置。下面的代码将创建名为 test.docx 的 Word 文档，然后将其保存到当前工作目录中。如果该目录中存在同名文件，则会自动使用新文档替换旧文档。

```
import docx
doc = docx.Document()
doc.save('test.docx')
```

10.5.3 打开现有的 Word 文档

使用 Document 类也可以打开一个现有的 Word 文档，只需将文档名作为参数传递给 Document 类，即可打开该文档。下面的代码将打开名为 test.docx 的 Word 文档。

```
import docx
doc = docx.Document('test.docx')
```

使用 document 对象的 paragraphs 属性将返回文档中的段落列表，使用 Python 内置的 len 函数可以计算对象的数量，所以，下面的代码计算文档包含的段落总数。由于 test. docx 文档是刚创建的，其中不包含任何内容，所以，段落总数是 0。

```
>>> len(doc.paragraphs)
0
```

10.5.4　在文档中添加新的文本段落

使用 document 对象的 add_paragraph 方法可以在文档中添加一段文本。add_paragraph 方法将返回一个 paragraph 对象，代表刚添加的文本段落。下面的代码在前面新建的文档中添加一个文本段落，如图 10-11 所示。

```
import docx
doc = docx.Document('test.docx')
doc.add_paragraph('这是标题')
doc.save('test.docx')
```

这是标题

图 10-11　在文档中添加一个文本段落

注意：需要执行 save 方法保存文档，这样，在文档中才会显示刚添加的内容。

重复使用 add_paragraph 方法，可以在文档中添加多个文本段落。下面的代码在刚才的文档中又添加了两个文本段落，如图 10-12 所示。

```
doc.add_paragraph('这是第 1 行正文')
doc.add_paragraph('这是第 2 行正文')
```

这是标题
这是第 1 行正文
这是第 2 行正文

图 10-12　添加两个新的文本段落

10.5.5　在段落末尾添加文本

如需在某个文本段落的末尾添加文本，而不是另起一个新的段落，可以使用 paragraph 对象的 add_run 方法，并将要添加的文本设置为该方法的参数。为了可以在代码

引用某个特定的段落，应该将每次添加的段落赋值给一个变量，以后可以使该变量引用特定的段落。重写前面的代码，在文档中的第一段末尾添加"（总标题）"，如图 10-13 所示。

```
import docx
doc = docx.Document()
paratitle = doc.add_paragraph('这是标题')
para1 = doc.add_paragraph('这是第1行正文')
para2 = doc.add_paragraph('这是第2行正文')
paratitle.add_run('（总标题）')
doc.save('test.docx')
```

图 10-13　在段落末尾添加文本

10.5.6　插入空白段落

如果使用 add_paragraph 方法时不为其提供参数，则将在文档中插入一个空白段落。下面的代码在前两段文本之间插入一个空白段落，如图 10-14 所示。

```
import docx
doc = docx.Document()
doc.add_paragraph('这是标题')
doc.add_paragraph()
doc.add_paragraph('这是第1行正文')
doc.add_paragraph('这是第2行正文')
doc.save('test.docx')
```

图 10-14　插入空白段落

10.5.7 设置字体格式

如需将前面创建的第一行文本的字号设置为 20 磅并加粗显示，可以使用下面的代码，如图 10-15 所示。

```
paratitle.runs[0].font.size = docx.shared.Pt(30)
paratitle.runs[0].bold = True
```

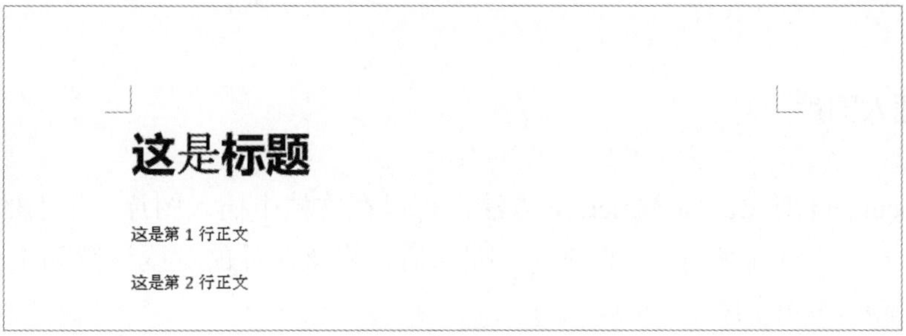

图 10-15　设置字体格式

paratitle 变量引用的是文档中的第一个段落。每个段落都有 runs 属性，它表示具有不同格式文本的列表，对该列表索引可以得到表示每个文本部分的 run 对象。runs[0] 表示段落中的第一部分文本，runs[1] 表示段落中的第二部分文本，以此类推。如果一个段落中的所有文本具有相同的格式，则 runs[0] 表示的就是该段落中的所有文本。

docx.shared.Pt 表示以磅为单位设置字号，如需以毫米为单位，需要将 Pt 改为 Mm。如果改为 Cm，则以厘米为单位；如果改为 Inches，则以英寸为单位。使用 run 对象的 bold 属性可以设置是否为文本加粗，将该属性设置为 True 表示加粗，为 False 表示不加粗。

10.5.8 设置段落格式

使用 paragraphFormat 对象可以为段落设置段落格式。使用 paragraph 对象的属性可以返回 paragraphFormat 对象。引用文档中的某个段落有如下两种方法：
- 从使用 document 对象的 paragraphs 属性返回的段落列表中引用特定的段落。
- 通过使用 document 对象的 add_paragraph 方法返回的对象引用特定的段落。这种方法在 10.5.5 小节介绍过。

下面的代码使用第一种方法引用文档中的第一个段落，并通过 paragraph 对象的 alignment 属性，将该段落在页面中居中对齐，如图 10-16 所示。

```
doc.paragraphs[0].alignment = docx.enum.text.WD_ALIGN_PARAGRAPH.CENTER
```

图 10-16 将段落居中对齐

10.5.9 插入图片

使用 document 对象的 add_picture 方法，可以在文档中插入图片。下面的代码在文档中插入一张名为"向日葵 .jpg"的图片，插入后，将该图片的宽度设置为 10 厘米，将高度设置为 7 厘米，如图 10-17 所示。

```python
import docx
doc = docx.Document()
paratitle = doc.add_paragraph('这是标题')
para1 = doc.add_paragraph('这是第 1 行正文')
para2 = doc.add_paragraph('这是第 2 行正文')
paratitle.runs[0].font.size = docx.shared.Pt(30)
paratitle.runs[0].bold = True
doc.paragraphs[0].alignment = docx.enum.text.WD_ALIGN_PARAGRAPH.CENTER
width = docx.shared.Cm(10)
height = docx.shared.Cm(7)
doc.add_picture('向日葵 .jpg', width=width, height=height)
doc.save('test.docx')
```

图 10-17 在文档中插入图片

10.5.10　读取文档中的内容

使用 paragraph 对象的 text 属性可以返回指定段落的文本，使用 run 对象的 text 属性可以返回指定段落中的某部分文本。下面的代码将显示文档中第一个段落包含的文本。

```
>>> doc.paragraphs[0].text
'这是标题'
```

下面的代码将显示第二个段落包含的文本。

```
>>> doc.paragraphs[1].text
'这是第 1 行正文'
```

如需获取文档中的所有文本，可以使用 for 语句在文档的段落列表中迭代。将每次迭代的段落中的文本添加到一个列表的末尾，作为列表中的一个新增元素。最后使用字符串对象的 join 方法将列表中的所有元素合并为一个字符串，各个元素之间使用换行符分隔。

```
import docx
doc = docx.Document('test.docx')
content = []
for para in doc.paragraphs:
    content.append(para.text)
print('\n'.join(content).rstrip())
```

运行结果如下：

```
这是标题
这是第 1 行正文
这是第 2 行正文
```

10.6　处理 Excel 工作簿

与 Word 文档类似，如需在 Python 中编程处理 Excel 工作簿，也需要安装第三方模块。本节以 openpyxl 模块为例，介绍使用该模块处理 Excel 工作簿的方法。

10.6.1　在 Python 中安装 openpyxl 模块

与安装用于处理 Word 文档的 python-docx 模块类似，安装 openpyxl 模块也需要 pip 工具，在系统命令行窗口中输入下面的代码安装该模块。

```
pip install openpyxl
```

如果在 Python 交互模式下输入以下语句没有出现错误，则说明成功安装 openpyxl 模块，并可使用它处理 Excel 工作簿了。

```
import openpyxl
```

10.6.2 新建并保存 Excel 工作簿

openpyxl 模块中的 workbook 对象代表工作簿，使用该模块中的 Workbook 类可以创建一个新工作簿，然后使用该对象的 save 方法，可以将工作簿保存到计算机中指定的位置。

下面的代码创建名为 test.xlsx 的 Excel 工作簿，然后将其保存到当前工作目录中。如果该目录中存在同名文件，则会自动使用新工作簿替换旧工作簿。为了简化输入，将导入的 openpyxl 模块的别名设置为 xl。

```
import openpyxl as xl
wkb = xl.Workbook()
wkb.save('test.xlsx')
```

10.6.3 打开现有的 Excel 工作簿

图 10-18 所示是本节和后几节需要处理的 Excel 工作簿，它有 3 个工作表，只有 Sheet1 工作表包含数据。该工作簿的文件名是“销售数据 .xlsx”。

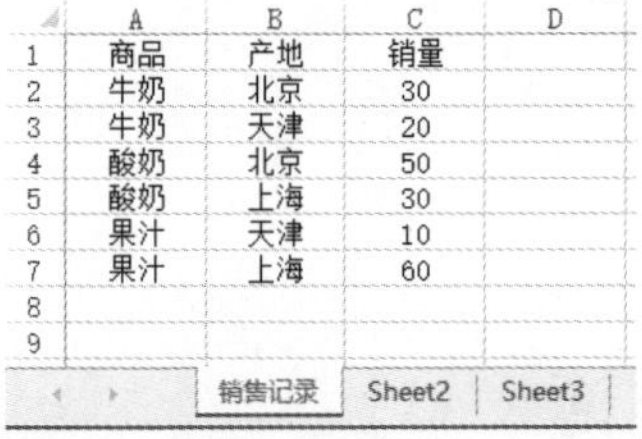

	A	B	C	D
1	商品	产地	销量	
2	牛奶	北京	30	
3	牛奶	天津	20	
4	酸奶	北京	50	
5	酸奶	上海	30	
6	果汁	天津	10	
7	果汁	上海	60	
8				
9				

图 10-18　需要处理的 Excel 工作簿

使用 openpyxl 的 load_workbook 函数可以打开一个 Excel 工作簿，需要将工作簿的名称设置为该函数的参数，该函数返回 workbook 对象，它代表打开的工作簿。下面的代码将打开“销售数据 .xlsx”工作簿。

```
import openpyxl as xl
wkb = xl.load_workbook('销售数据 .xlsx')
```

10.6.4 获取所有工作表的名称

使用 workbook 对象的 sheetnames 属性可以获取指定工作簿中的所有工作表，该属性返回一个由所有工作表名称组成的列表。下面的代码将获取"销售数据.xlsx"工作簿中所有工作表的名称。

```
import openpyxl as xl
wkb = xl.load_workbook('销售数据.xlsx')
print(wkb.sheetnames)
```

运行结果如下：

```
['销售记录', 'Sheet2', 'Sheet3']
```

10.6.5　引用活动工作表或特定的工作表

使用 workbook 对象的 active 属性返回一个 worksheet 对象，它代表工作簿中当前活动的工作表。下面的代码将"销售数据.xlsx"工作簿中的活动工作表赋值给 wks 变量，以后可以使用该变量引用活动工作表。

```
import openpyxl as xl
wkb = xl.load_workbook('销售数据.xlsx')
wks = wkb.active
```

使用 worksheet 对象的 title 属性可以获取或修改工作表的名称。下面的代码承接上面的示例，显示 wks 变量引用的活动工作表的名称，然后将该名称修改为"数据记录"。

```
print(wks.title)
wks.title = '数据记录'
print(wks.title)
wkb.save('销售数据.xlsx')
```

运行结果如下：

```
销售记录
数据记录
```

由于在上面的示例中多次使用工作簿的名称，为了简化输入并便于以后在统一位置修改工作簿的名称，最好在程序的开头将工作簿的名称赋值给变量，以后需要使用该名称时，可使用变量代替手动写入的名称。使用变量替换名称后的完整代码如下：

```
import openpyxl as xl
filename = '销售数据.xlsx'
wkb = xl.load_workbook(filename)
wks = wkb.active
print(wks.title)
wks.title = '数据记录'
print(wks.title)
wkb.save(filename)
```

如需引用工作簿中的任意一个工作表，可以使用工作表的索引号或名称。在交互模式中输入下面的代码，假设 wkb 变量已经被赋值给一个打开的工作簿，然后使用 wks 变量引用该工作簿中的第二个工作表，并显示该工作表的名称。编程处理 Excel 时，引用一个对象集合中的某个对象时，起始索引号也是从 0 开始的，与索引 Python 内置的字符串、列表和元组的方法类似。

```
>>> wks = wkb.worksheets[1]
>>> wks.title
'Sheet2'
```

还可以使用工作表的名称引用特定的工作表。下面的代码引用 wkb 变量代表的工作簿中名为"销售记录"的工作表，然后使用 title 属性获取该工作表的名称。

```
>>> wks = wkb['销售记录']
>>> wks.title
'销售记录'
```

10.6.6 添加和删除工作表

使用 workbook 对象的 create_sheet 方法可以添加新的工作表。create_sheet 方法的第一个参数表示工作表的位置索引号，第二个参数表示工作表的名称。下面的代码在由 wkb 变量引用的工作簿中添加一个新的工作表，其名称为"1 月"，将该工作表添加到现有工作表的开头，即位于最左侧，如图 10-19 所示。

```
import openpyxl as xl
filename = '销售数据.xlsx'
wkb = xl.load_workbook(filename)
wkb.create_sheet('1月', 0)
wkb.save(filename)
```

图 10-19　添加新工作表并为其指定名称和位置

为了通过代码就能了解添加的工作表的信息，可以在 create_sheet 方法中使用关键字参数。下面的代码可实现相同的功能，但是更具可读性。

```
import openpyxl as xl
filename = '销售数据.xlsx'
wkb = xl.load_workbook(filename)
wkb.create_sheet(title='1月', index=0)
wkb.save(filename)
```

使用 for 语句可以一次性添加多个工作表，并自动为它们设置名称。下面的代码将新建一个工作簿，在其中添加 12 个工作表，并将它们的名称依次设置为 1 月～ 12 月，如图 10-20 所示。

```
import openpyxl as xl
wkb = xl.Workbook()
count = 1
wksname = ''
while count < 13:
    wksname = str(count) + '月'
    wkb.create_sheet(wksname, count-1)
    count += 1
wkb.save('test.xlsx')
```

图 10-20　自动添加 12 个工作表

代码解析：首先使用 workbook 对象创建一个新的工作簿，然后初始化两个变量，count 变量有 3 个功能，一是用于统计当前已经新建的工作表数量，二是用作每个新工作表名称的数字部分，三是为添加的下一个工作表指明索引号。wksname 变量用作每个新工作表的名称。接下来进入 While 循环，在循环的开头先检测 count 变量的值是否小于 13，即是否已经添加了 12 个工作表。如果小于 13，则开始执行 while 循环内部的代码，每添加一个工作表，就将 count 变量的值加 1，当该值超过 12 时，就结束 while 循环，不再添加工作表。最后使用 workbook 对象的 save 方法保存工作簿。

使用 workbook 对象的 remove 方法可以删除指定的工作表，该方法的参数是一个 worksheet 对象。可以先使用 10.6.5 小节中的方法获取一个工作表，然后使用 remove 方法删除该工作表。下面的代码假设 wkb 变量被赋值为一个打开的工作簿，删除"销售数据 .xlsx"工作簿中名为 Sheet2 和 Sheet3 的两个工作表。

```
import openpyxl as xl
filename = '销售数据 .xlsx'
wkb = xl.load_workbook(filename)
wkb.remove(wkb['Sheet2'])
wkb.remove(wkb['Sheet3'])
wkb.save(filename)
```

使用 for 语句也可以实现上述操作，代码如下：

```
import openpyxl as xl
filename = '销售数据 .xlsx'
wkb = xl.load_workbook(filename)
for index in range(2, 4):
    wks = wkb['Sheet' + str(index)]
```

```
    wkb.remove(wks)
wkb.save(filename)
```

当需要删除大量名称有规律的工作表时，使用 for 语句可以简化代码并提高效率。

10.6.7 引用单元格

可以使用以下两种方法引用工作表中的特定单元格：

- 使用 worksheet 对象的 cell 方法，将单元格地址的行号和列号设置为该方法的参数。例如，B1 单元格中的列号是字母 B，行号是 1，B1 就是工作表中的 B 列和第 1 行交叉位置上的单元格。在使用 cell 方法时，需要将列号设置为数字而非字母，因此，B1 单元格的列号字母 B 对应的序号是 2。
- 使用类似于索引 Python 序列对象的方法，将单元格地址作为 worksheet 对象的索引号。

下面的代码使用第一种方法引用 B1 单元格。cell 方法的第一个参数表示行号，第二个参数表示列号。单元格 B1 的行号是 1，列号是 2。cell 方法会返回一个 cell 对象，本例代码中，在使用 cell 方法引用一个单元格后，使用 cell 对象的 coordinate 属性获取该单元格的地址。

```
import openpyxl as xl
filename = '销售数据 .xlsx'
wkb = xl.load_workbook(filename)
wks = wkb['销售记录 ']
cell = wks.cell(1, 2)
print(cell.coordinate)
```

运行结果如下：

```
B1
```

下面的代码使用第二种方法引用 B1 单元格，对 wks 变量引用的工作表对象进行索引，将要引用的单元格地址以字符串格式放在一对方括号中。

```
cell = wks['B1']
```

使用第二种方法还可以引用单元格区域。下面的代码将引用 A1:C7 单元格区域。

```
cellrange = wks['A1:C7']
```

10.6.8 读取单元格中的数据

在了解了引用单元格和单元格区域的方法之后，就可以灵活读取单元格中的数据了。使用 cell 对象的 value 属性可以获取单元格中的数据。假设 wks 变量已经引用"销

售数据 .xlsx"工作簿的"销售记录"工作表，下面的代码将显示该工作表的 B1 单元格
中的数据。

```
>>> wks['B1'].value
产地
```

下面的代码将使用另一种引用单元格的方法实现相同的功能。

```
>>> wks.cell(1, 2).value
'产地'
```

使用 for 语句可以读取多个单元格中的数据。下面的代码读取并显示 A1、B1 和 C1
三个单元格中的数据。

```
import openpyxl as xl
filename = '销售数据 .xlsx'
wkb = xl.load_workbook(filename)
wks = wkb['销售记录']
row = 1
for col in range(1, 4):
    print(wks.cell(row, col).value)
```

运行结果如下：

```
商品
产地
销量
```

如需同时显示单元格地址和数据，可以使用下面的代码：

```
import openpyxl as xl
filename = '销售数据 .xlsx'
wkb = xl.load_workbook(filename)
wks = wkb['销售记录']
row = 1
for col in range(1, 4):
    cell = wks.cell(row, col)
    print(cell.coordinate + '=>' + cell.value)
```

运行结果如下：

```
A1=> 商品
B1=> 产地
C1=> 销量
```

下面的代码将读取 A1:C7 单元格区域中的数据，并在交互模式中以类似于 Excel 工作
表的行、列格式显示这些数据。

```
import openpyxl as xl
```

```
filename = ' 销售数据 .xlsx'
wkb = xl.load_workbook(filename)
wks = wkb[' 销售记录 ']
for row in range(1, 8):
    for col in range(1, 4):
        cell = wks.cell(row, col)
        if col % 3 != 0:
            print(cell.value, end='\t')
        else:
            print(cell.value)
```

运行结果如下：

商品	产地	销量
牛奶	北京	30
牛奶	天津	20
酸奶	北京	50
酸奶	上海	30
果汁	天津	10
果汁	上海	60

代码解析：使用两组 for 语句处理 A1:C7 单元格区域中的每个单元格，外层的 for 语句用于处理单元格的行号，内层的 for 语句用于处理单元格的列号。进入内层 for 语句后，首先将通过变量 row 和 col 组成的单元格赋值给变量 cell，然后处理由外层 for 语句指定的行中的每个单元格。由于本例数据区域中的每行有 3 个单元格，为了在每次输出 3 个单元格中的数据之后，能够自动换行输出下一行数据，需要检测每个单元格的列号是否能被 3 整除，如果不能被 3 整除，则在输出时将 print 函数的 end 参数设置为 "\t"，表示当前数据以制表符结尾，后面的数据会继续输出在同一行中；如果能被 3 整除，则省略 end 参数，此时会在数据结尾输出换行符，下一个数据就会自动输出到下一行的开头。

10.6.9　在单元格中输入数据和公式

如需在单元格中输入数据，可以将要输入的数据赋值给 cell 对象的 value 属性。下面的代码将在 "销售数据 .xlsx" 工作簿的 "销售记录" 工作表的 E1 单元格中输入 "总销量"，如图 10-21 所示。

```
import openpyxl as xl
filename = ' 销售数据 .xlsx'
wkb = xl.load_workbook(filename)
wks = wkb[' 销售记录 ']
wks['E1'].value = ' 总销量 '
wkb.save(filename)
```

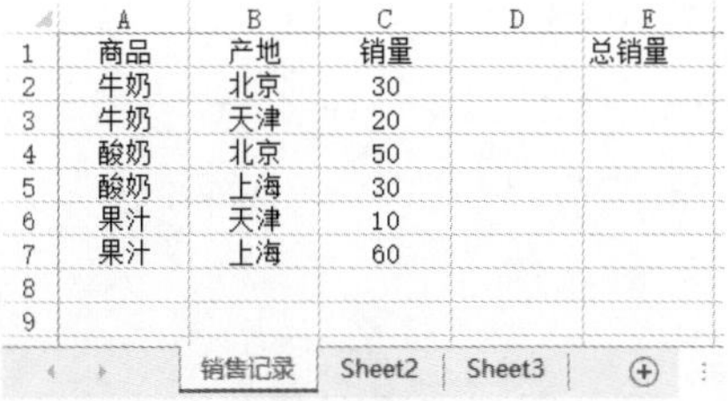

图 10-21　在 E1 单元格中输入数据

在单元格中输入公式的方法与输入普通数据类似，只是需要将公式以字符串的形式赋值给 cell 对象的 value 属性。下面的代码将在 F1 单元格中输入一个公式，用于计算 C 列所有销量的总和，如图 10-22 所示。

```
wks['F1'].value = '=SUM(C2:C7)'
```

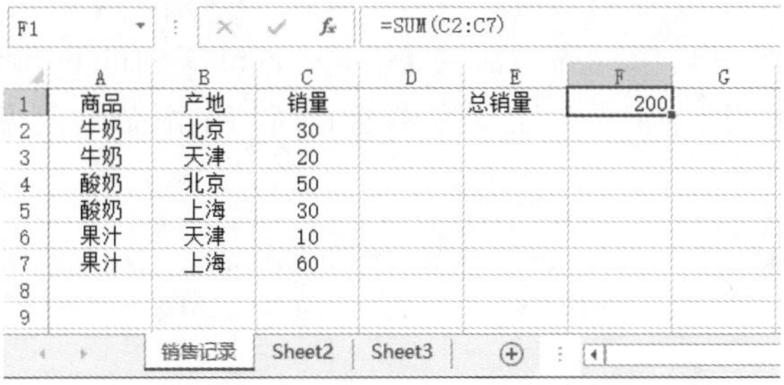

图 10-22　在单元格中输入公式

10.6.10　设置单元格格式

为单元格中的数据设置字体格式或对齐方式，可以使工作表中的数据更加清晰易读。为数据设置字体格式需要使用 openpyxl 模块中的 styles 子模块。如需减少代码的输入量，可以使用下面的代码导入 styles 子模块，之后在代码中使用该模块时，无须添加 openpyxl 前缀。

```
import openpyxl.styles as st
```

导入 styles 模块后，需要使用该模块中的 Font 类创建包含字体格式的 font 对象，具体的字体格式由传递给 Font 类的参数决定，本例为 bold=True，表示设置加粗格式。然后将该对象赋值给 cell 对象的 font 属性。下面的代码将"销售记录"工作表中的 A1、B1 和 C1 三个单元格中数据的字体设置为加粗，如图 10-23 所示。

```
import openpyxl as xl
import openpyxl.styles as st
filename = '销售数据.xlsx'
```

```
wkb = xl.load_workbook(filename)
wks = wkb['销售记录']
for col in range(1, 4):
    wks.cell(1, col).font = st.Font(bold=True)
wkb.save(filename)
```

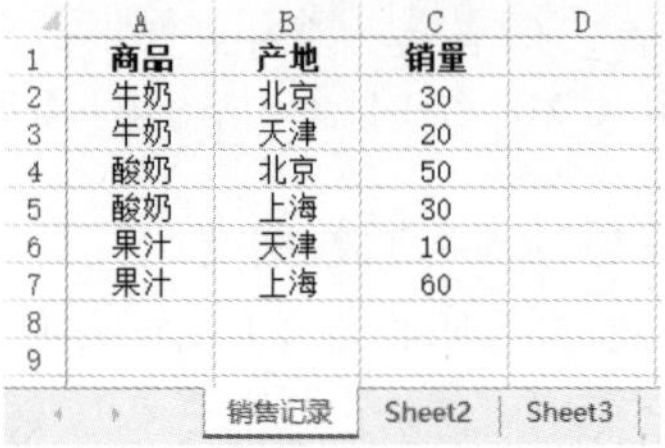

	A	B	C	D
1	**商品**	**产地**	**销量**	
2	牛奶	北京	30	
3	牛奶	天津	20	
4	酸奶	北京	50	
5	酸奶	上海	30	
6	果汁	天津	10	
7	果汁	上海	60	
8				
9				

销售记录　Sheet2　Sheet3

图 10-23　将数据的字体设置为加粗

如需将数据在单元格中居中对齐，需要使用 styles 模块中的 Alignment 类创建 alignment 对象。为了设置居中对齐，需要将 Alignment 类中的 horizontal 参数的值设置为 center。下面的代码将"销售记录"工作表中的 E1 和 F1 两个单元格中的数据设置为居中对齐，如图 10-24 所示。

```
wks['E1'].alignment = st.Alignment(horizontal='center')
wks['F1'].alignment = st.Alignment(horizontal='center')
```

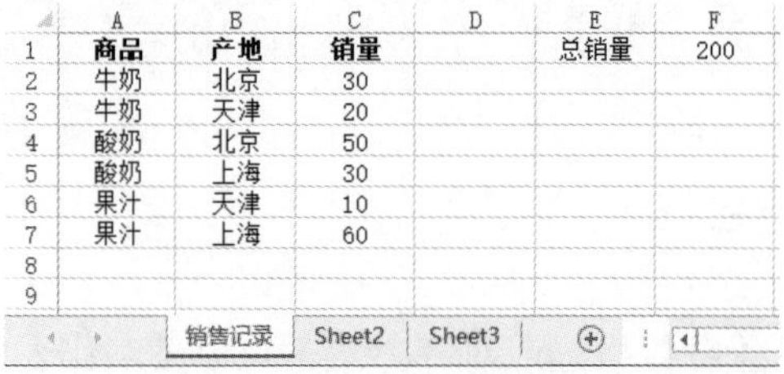

	A	B	C	D	E	F
1	**商品**	**产地**	**销量**		总销量	200
2	牛奶	北京	30			
3	牛奶	天津	20			
4	酸奶	北京	50			
5	酸奶	上海	30			
6	果汁	天津	10			
7	果汁	上海	60			
8						
9						

销售记录　Sheet2　Sheet3　　⊕

图 10-24　将单元格中的数据居中对齐

第 11 章　图形用户界面

图形用户界面的英文是 Graphical User Interface，本章使用其英文缩写 GUI 来表示该术语。为 Python 程序设计 GUI 的工具很多，其中 Tkinter 是 Python 标准库提供的工具，使用该工具设计的 GUI 可以运行在 Windows、UNIX、Linux 和 macOS 等多种平台上，具有很强的兼容性。

Tkinter 工具的背后是 TCL/Tk，其中，TCL 是一种编程语言，Tk 是使用 TCL 开发的 GUI 库。Tkinter 的出现主要是为了在 Python 中使用 Tcl/Tk GUI 工具开发 GUI 程序变得更容易、更高效。Tkinter 工具由主模块 tkinter 和几个子模块组成，每个模块实现不同的功能。本章将介绍使用 Tkinter 工具开发 GUI 程序所需了解的重要概念和基本方法。

11.1　创建第一个 Python GUI 程序

通过示例来学习新的技术通常是最直接、最有效的方式，所以本节先使用 tkinter 模块创建一个只有 5 行代码的 GUI 程序。在脚本模式中输入下面的代码，将其保存为"第一个 Python GUI 程序 .py"文件。

```
import tkinter
root = tkinter.Tk()
btn = tkinter.Button(root, text=' 退出 ', command=root.quit)
btn.pack()
root.mainloop()
```

在脚本模式中按 F5 键，将在交互模式中运行该程序并显示一个窗口，如图 11-1 所示。其中有一个"退出"按钮，此时交互模式中的主提示符被隐藏。单击"退出"按钮，交互模式中的主提示符会显示出来，说明当前已退出 GUI 程序，但是不会关闭 GUI 程序窗口。

图 11-1　运行 GUI 程序

提示：如果是在文件夹中双击 .py 文件或在系统命令行窗口中输入命令来运行 .py 文件，

则在单击 GUI 程序窗口中的"退出"按钮时，会自动关闭该窗口。

tkinter 模块包含大量的对象和函数，在代码中使用它们时，都需要以 tkinter 模块名作为前缀。上面的示例是在导入 tkinter 模块时为其设置了别名，这在一定程度上减少了代码的输入量。如果需要使用 tkinter 模块进行大规模编程，则可以使用下面的语句导入 tkinter 模块：

```
from tkinter import *
```

之后可以直接使用 tkinter 模块中的对象和函数，而不需要为它们添加 tkinter 模块名作为前缀，这样就可以将上面示例中的代码修改为以下形式：

```
root = Tk()
btn = Button(root, text=' 退出 ', command=root.quit)
btn.pack()
root.mainloop()
```

在本章后续的示例中将使用一种折中方案，即在导入 tkinter 模块时为其设置别名 tk，从而在一定程度上减小代码的输入量，同时也能体现 tkinter 模块中每个对象的来源，代码如下：

```
import tkinter as tk
root = tk.Tk()
btn = tk.Button(root, text=' 退出 ', command=root.quit)
btn.pack()
root.mainloop()
```

11.2　Tkinter GUI 编程中的重要概念

虽然 11.1 节中的示例非常简单，但是却可以体现 Tkinter GUI 编程中的一些重要概念。本节中使用"本例"表示 11.1 节中的示例。

11.2.1　根窗口

每个 GUI 程序都有一个根窗口，作为 GUI 程序的主窗口。本例中的第二行代码创建了一个根窗口，并将该窗口对象赋值给 root 变量。创建根窗口需要使用 tkinter 模块中的 Tk 类构造函数，代码如下：

```
root = tk.Tk()
```

本例中的按钮位于根窗口中，也可以在根窗口中添加其他控件，从而构建复杂的 GUI 程序。

11.2.2　控件的配置选项、绑定事件和层次结构

创建根窗口后，需要在该窗口中添加所需的控件。每个控件的原型在 tkinter 模块中都被定义为类。使用代码在根窗口中创建控件，实际上就是创建控件类的实例，方法与第 8 章介绍的类似。本例中的第三行代码创建了一个按钮控件，并将该对象赋值给 btn 变量，代码如下：

```
btn = tk.Button(root, text='退出', command=root.quit)
```

可以为创建的每个控件进行选项配置，从而改变选项的外观，以及如何响应用户的操作。很多控件都包含一些共同的配置选项，各个控件也有自己特有的配置选项。为控件指定响应用户操作的方式称为绑定事件。本例为创建的按钮控件设置了以下 3 个选项。

- 父控件：Button 类构造函数的第一个参数用于指定按钮控件的父控件，本例将根窗口指定为父控件。使用 tkinter 模块创建 GUI 程序时，GUI 程序窗口中的控件都是按照父控件和子控件的层次结构来组织的，父控件是子控件的容器，而子控件可能又是其他一些子控件的容器，所有控件的组织结构就像一个目录树。
- 显示在按钮控件上的文字：本例为 Button 类构造函数设置的 text 关键字参数，用于指定显示在按钮控件上的文字，本例在按钮控件上显示"退出"。
- 单击按钮控件时执行的操作：本例为 Button 类构造函数设置的 command 关键字参数，用于指定在单击按钮控件时执行 tkinter 模块中的 quit 函数，该函数用于结束 GUI 程序并关闭与之关联的窗口。

提示：如果省略 Button 类构造函数的第一个参数，则默认会将该控件添加到默认创建的根窗口中。这意味着在这种情况下不需要显式创建根窗口，所以，本例代码可以简化为以下形式：

```
import tkinter as tk
btn = tk.Button(text='退出', command=root.quit)
btn.pack()
root.mainloop()
```

本章为了清晰展现在 GUI 程序中创建的窗口和控件之间的关联，不会使用此次介绍的简化形式。

11.2.3　管理控件在窗口中的布局

用户可以使用 tkinter 提供的几种方式对窗口中的控件进行布局。所谓布局，就是在窗口中如何摆放和对齐多个控件。本例中的第四行代码使用的是名为 pack 的几何管理器对控件进行布局，这种方式是通过 tkinter 模块中的 pack 函数实现的。

```
btn.pack()
```

pack 函数有很多参数，用于自定义控件在窗口中的布局。本例只是简单地调用了

pack 函数，并没有为其提供任何参数，所以，自动使用 pack 几何管理器的默认行为。本章后面会详细介绍 pack 几何管理器和另一种名为 grid 的几何管理器在设置控件布局时的具体用法。

11.2.4 事件循环

如果希望创建的 GUI 程序中的所有控件都能响应用户的操作，则必须在 GUI 程序中主动开启事件循环，即本例中的第五行代码。

```
root.mainloop()
```

如果是在交互模式中测试 GUI 程序的界面外观，则无须添加事件循环代码；如果是测试 GUI 程序中各个控件是否能够正确响应用户的操作，则必须添加事件循环代码。此外，如果在编写的 GUI 程序中没有使用任何一种几何管理器，则在运行的 GUI 程序中不会显示任何控件。

11.3 创建和设置顶层窗口

顶层窗口与根窗口类似，也用于为控件提供显示的空间，并可为一个 GUI 程序创建多个提供不同选项和功能的窗口，创建的每个顶层窗口会被自动添加到由根窗口启用的事件循环中，并对用户在顶层窗口中执行的操作做出响应。在每个 GUI 程序中，根窗口只能有一个，而顶层窗口可以有多个，具体数量由 GUI 程序的功能需求和复杂程度决定。

11.3.1 创建一个或多个顶层窗口

使用 tkinter 模块中的 Toplevel 类构造函数可以创建顶层窗口，与使用 Tk 类构造函数创建根窗口的方法类似。下面的代码将创建一个顶层窗口，并将返回的顶层窗口对象赋值给 top 变量。虽然没有显式创建根窗口，也没有像前面示例中那样，在创建一个控件时将根窗口指定为父控件，但是仍然会在创建顶层窗口的同时创建一个根窗口。

```
import tkinter as tk
top = tk.Toplevel()
top.mainloop()
```

运行上面的代码将显示图 11-2 所示的两个窗口，其中一个是根窗口，另一个是顶层窗口。

图 11-2　创建根窗口和顶层窗口

单击根窗口右上角的关闭按钮，将同时关闭根窗口和顶层窗口。如果单击顶层窗口右上角的关闭按钮，则只会关闭该顶层窗口。下面的代码将创建两个顶层窗口，每个顶层窗口右上角的关闭按钮只能控制其所属的顶层窗口，而不会影响其他顶层窗口和根窗口。

```python
import tkinter as tk
top1 = tk.Toplevel()
top2 = tk.Toplevel()
top1.mainloop()
```

11.3.2　设置顶层窗口和根窗口的标题

前面创建的顶层窗口和根窗口具有相同的外观，很难辨认哪个是顶层窗口，哪个是根窗口，此时可以使用 title 属性为顶层窗口和根窗口设置不同的标题。下面的代码将创建一个顶层窗口，自动创建一个根窗口，并在顶层窗口的标题栏中显示"顶层窗口"，在根窗口的标题栏中显示"根窗口"，如图 11-3 所示。

```python
import tkinter as tk
root = tk.Tk()
root.title('根窗口')
top = tk.Toplevel()
top.title('顶层窗口')
root.mainloop()
```

图 11-3　为顶层窗口和根窗口设置标题

11.4　添加和配置控件

创建根窗口和顶层窗口后，接下来就可以将所需的控件添加到这些窗口中，可以在添加时配置控件选项，也可以在添加控件后使用 config 方法配置控件选项。

11.4.1　添加容器控件

可以将根窗口和顶层窗口看作所有控件的容器。此外，框架控件也可以作为其他控件的容器。可以在一个窗口中添加一个或多个框架，以便于对一个窗口中的所有控件进行层次结构布局。下面的代码将在根窗口中添加一个框架控件，该类型的控件可以使用 tkinter 模块中的 Frame 类构造函数来创建。

```
import tkinter as tk
root = tk.Tk()
frm = tk.Frame(root)
frm.pack()
root.mainloop()
```

运行结果如图 11-4 所示，在窗口中只显示了标题栏，这是因为还没有在该窗口中添加任何控件。

图 11-4　只包含一个框架的窗口

11.4.2　在容器控件中添加控件

在容器控件中添加控件与在根窗口或顶层窗口中添加控件的方法类似，只需将用于创建控件的类构造函数的第一个参数设置为容器控件的名称即可。下面的代码将在根窗口中添加一个框架控件，然后在该框架控件中添加一个按钮控件。frm 变量引用的是框架控件，为了在框架控件中添加按钮控件，需要在创建按钮时将 Button 类构造函数的第一个参数的值设置为 frm，表示按钮控件的父控件是框架控件。

```
import tkinter as tk
root = tk.Tk()
frm = tk.Frame(root)
frm.pack()
btn = tk.Button(frm)
btn.pack()
root.mainloop()
```

运行结果如图 11-5 所示，由于没有为按钮控件配置任何选项，所以，在窗口中显示一个没有文字且具有默认大小的按钮。

图 11-5　在框架控件中添加按钮控件

11.4.3　添加控件时配置选项

为了使添加到窗口中的控件能够正常显示，需要为添加的控件配置相关选项。一种方法是在使用控件类的构造函数创建控件实例时，在函数中使用关键字参数设置相关选项。下面的代码将在框架控件中添加按钮控件时，使用 text 关键字参数将按钮控件上显示的文字设置为"关闭"，并将按钮设置为指定的宽度。

```
import tkinter as tk
root = tk.Tk()
frm = tk.Frame(root)
frm.pack()
btn = tk.Button(frm, text=' 关闭 ', width=10)
btn.pack()
root.mainloop()
```

运行结果如图 11-6 所示。

图 11-6　设置按钮控件的外观

11.4.4　添加控件后配置选项

为控件配置选项的另一种方法是使用已创建的控件对象的 config 方法，将所需配置的选项以关键字参数的形式传给 config 方法。下面的代码实现的功能与 11.4.3 小节介绍的相同，但是此处使用的是 config 方法。

```
import tkinter as tk
root = tk.Tk()
frm = tk.Frame(root)
frm.pack()
btn = tk.Button(frm)
btn.config(text=' 关闭 ', width=10)
```

```
btn.pack()
root.mainloop()
```

11.4.5　使控件响应用户操作

前面示例中创建的"关闭"按钮还不能响应用户的操作，当用户单击窗口中的"关闭"按钮时，不会发生任何事情。如果希望在单击"关闭"按钮时自动关闭其所在的窗口，并退出 GUI 程序，可以为该按钮控件添加 command 关键字参数。

下面的代码将按钮控件的 command 参数设置为 root.quit。由于 root 变量引用的是根窗口，所以，root.quit 表示执行根窗口的退出操作，即结束 GUI 程序并关闭根窗口，以及所有顶层窗口。

```
import tkinter as tk
root = tk.Tk()
frm = tk.Frame(root)
frm.pack()
btn = tk.Button(frm)
btn.config(text=' 关闭 ', width=10, command=root.quit)
btn.pack()
root.mainloop()
```

除了将特定对象的方法设置为 command 参数的值，还可以将该参数的值设置为用户创建的函数，或者使用 lambda 表达式创建的匿名函数，这些函数都不能带有参数。下面的代码将用户创建的 greet 函数的名称设置为按钮控件的 command 参数的值，运行该程序后，单击窗口中的按钮，将在交互模式中显示"你好"。

```
def greet():
    print(" 你好 ")

import tkinter as tk
root = tk.Tk()
btn = tk.Button(root)
btn.config(text=' 打招呼 ', width=10, command=greet)
btn.pack()
root.mainloop()
```

注意：必须将定义函数的代码放在创建窗口和控件的代码之前，否则，在 command 参数中调用 greet 函数时，由于还没有创建该函数，将导致程序出错。

使用 lambda 表达式创建匿名函数也可以实现相同的功能，而且不需要使用额外的几行代码来创建 greet 函数，这样就避免了两段代码运行次序的问题。下面是使用 lambda 表达式创建的匿名函数代替 greet 函数的代码版本：

```
import tkinter as tk
root = tk.Tk()
btn = tk.Button(root)
btn.config(text=' 打招呼 ', width=10, command=(lambda: print(' 你好 ')))
btn.pack()
root.mainloop()
```

11.5　调整控件布局

tkinter 模块提供了 pack、grid 和 place 3 种几何管理器，它们为设置控件在窗口中的布局方式提供了不同的方法，本节将介绍 pack 和 grid 两种几何管理器的用法。

11.5.1　使用 pack 几何管理器布局控件

正如 pack 的中文含义一样，使用 pack 几何管理器布局控件时，主要是根据窗口内的空间和控件的大小，使控件的大小可以随窗口尺寸的变化而自动调整，也可以将控件自动填满窗口内的剩余空间，还可以使控件自动与窗口的某个边缘对齐。pack 几何管理器对应控件对象的 pack 方法。当窗口包含不止一个控件时，使用 pack 几何管理器可以让控件的布局更容易。

下面的代码将按钮控件在窗口中左对齐。pack 方法的 side 参数有 4 个值，本例中的 LEFT 表示左对齐。每个值都必须全部使用大写字母，它们都是 tkinter 模块中的常量。

```
import tkinter as tk
root = tk.Tk()
btn = tk.Button(root, text=' 关闭 ')
btn.pack(side=tk.LEFT)
root.mainloop()
```

运行结果如图 11-7 所示。

图 11-7　将按钮控件在窗口中左对齐

如果在上一个示例的基础上想让按钮控件在窗口中居中显示，则可以为 pack 方法添加另一个参数——expand，将该参数的值设置为 YES，表示可以扩展控件的显示空间。下面的代码将按钮控件显示在窗口的中间，如图 11-8 所示。

```
btn.pack(side=tk.LEFT, expand=tk.YES)
```

图 11-8　将按钮控件显示在窗口的中间

如果想让按钮控件的大小自动随窗口尺寸的变化进行调整，则可以为按钮控件的 pack 方法同时设置 expand 参数和 fill 参数，将 expand 参数设置为 YES，将 fill 参数设置为 BOTH，BOTH 是指控件在水平和垂直两个方向上同时填充窗口内的剩余空间，相当于拉伸控件，代码如下：

```
btn.pack(expand=tk.YES, fill=tk.BOTH)
```

如果只想在一个方向上填充空间，则可以将 BOTH 改为 X 或 Y。

图 11-9 所示是调整窗口大小前后，按钮控件大小的变化。使用鼠标拖动窗口的边缘，可以调整窗口的大小。

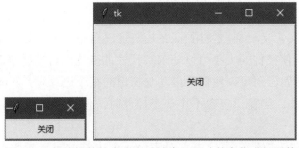

图 11-9　按钮控件的大小自动随窗口尺寸的变化进行调整

在上面几个示例中，都是使用一个表示控件对象的变量在单独的一行代码中调用 pack 方法。如果不需要反复处理控件对象，则可以在使用控件类的构造函数创建控件实例时，直接调用 pack 方法，即将下面的两行代码：

```
btn = tk.Button(root, text=' 关闭 ')
btn.pack(expand=tk.YES, fill=tk.BOTH)
```

简化为一行代码：

```
tk.Button(root, text=' 关闭 ').pack(expand=tk.YES, fill=tk.BOTH)
```

当在窗口中添加两个或更多个控件时，使用 pack 几何管理器布局控件的便捷性才真正体现出来。下面的代码在窗口中添加了 3 个按钮控件，为它们的 pack 方法设置了相同的参数。

```
import tkinter as tk
root = tk.Tk()
btn1 = tk.Button(root, text=' 打开 ')
btn1.pack(expand=tk.YES, fill=tk.BOTH)
```

```
btn2 = tk.Button(root, text=' 关闭 ')
btn2.pack(expand=tk.YES, fill=tk.BOTH)
btn3 = tk.Button(root, text=' 退出 ')
btn3.pack(expand=tk.YES, fill=tk.BOTH)
root.mainloop()
```

运行结果如图 11-10 所示，3 个按钮控件在窗口中默认从上到下依次纵向排列。如果改变窗口的尺寸，则 3 个按钮的大小也会随之调整。

图 11-10　使用 pack 几何管理器对 3 个控件进行布局

注意：如果将窗口调整到很小的尺寸，则在代码中最后使用 pack 方法进行布局的按钮会先被裁切掉。如图 11-11 所示，由于在代码中"退出"按钮是最后使用 pack 方法布局的，所以，当窗口很小时，该按钮首先被裁切掉。如果继续将窗口变小，则下一个裁切的就是"关闭"按钮。

图 11-11　窗口很小时会自动裁切控件

为各个控件的 pack 方法设置不同的参数，并调整各个控件调用 pack 方法的代码次序，会得到各种不同的效果，代码如下：

```
import tkinter as tk
root = tk.Tk()
btn1 = tk.Button(root, text=' 打开 ')
btn1.pack(side=tk.TOP, expand=tk.YES, fill=tk.BOTH)
btn2 = tk.Button(root, text=' 关闭 ')
btn2.pack(side=tk.LEFT, expand=tk.YES, fill=tk.BOTH)
btn3 = tk.Button(root, text=' 退出 ')
btn3.pack(side=tk.RIGHT, expand=tk.YES, fill=tk.BOTH)
root.mainloop()
```

运行结果如图 11-12 所示。

图 11-12　不同的布局方式（一）

将上述代码中的 btn3 的两行代码移动到为 root 变量赋值代码的下一行，也就是先创建并布局"退出"按钮，然后处理其他两个按钮，又会得到不同的布局效果，如图 11-13 所示。

```python
import tkinter as tk
root = tk.Tk()
btn3 = tk.Button(root, text=' 退出 ')
btn3.pack(side=tk.RIGHT, expand=tk.YES, fill=tk.BOTH)
btn1 = tk.Button(root, text=' 打开 ')
btn1.pack(side=tk.TOP, expand=tk.YES, fill=tk.BOTH)
btn2 = tk.Button(root, text=' 关闭 ')
btn2.pack(side=tk.LEFT, expand=tk.YES, fill=tk.BOTH)
```

图 11-13　不同的布局方式（二）

11.5.2　使用 grid 几何管理器布局控件

使用 grid 几何管理器设置控件在窗口中的布局时，可以将整个窗口想象成一个包含多行和多列的表，类似于 Microsoft Excel 应用程序中的工作表的结构。可以同时使用行号和列号来定位窗口中的某个位置，以便将控件放置到该位置上。

下面的代码将 btn1、btn2 和 btn3 引用的 3 个按钮控件放置到窗口中的第一行第一列、第一行第二列和第一行第三列。

```python
import tkinter as tk
root = tk.Tk()
btn1 = tk.Button(root, text=' 打开 ', width=10)
btn1.grid(row=0, column=0)
btn2 = tk.Button(root, text=' 关闭 ', width=10)
btn2.grid(row=0, column=1)
btn3 = tk.Button(root, text=' 退出 ', width=10)
btn3.grid(row=0, column=2)
root.mainloop()
```

运行结果如图 11-14 所示，3 个按钮依次排列在水平方向上。

图 11-14　3 个按钮依次排列在水平方向上

对代码稍加修改，即可将 3 个按钮依次排列在垂直方向上，如图 11-15 所示。

```
import tkinter as tk
root = tk.Tk()
btn1 = tk.Button(root, text='打开 ', width=10)
btn1.grid(row=0, column=0)
btn2 = tk.Button(root, text='关闭 ', width=10)
btn2.grid(row=1, column=0)
btn3 = tk.Button(root, text='退出 ', width=10)
btn3.grid(row=2, column=0)
root.mainloop()
```

图 11-15　3 个按钮依次排列在垂直方向上

由于 grid 几何管理器使用虚拟的行号和列号来定位控件在窗口中的位置，所以，很容易使用代码自动创建多个控件并控制它们的位置。下面的代码与本节中第一个示例的功能相同，但是此处完全使用代码创建所有按钮控件并对它们进行布局。

```
import tkinter as tk
root = tk.Tk()
col = 0
names = ['打开 ', '关闭 ', '退出 ']
for name in names:
    btn = tk.Button(root, text=names[col], width=10)
    btn.grid(row=0, column=col)
    col += 1
root.mainloop()
```

第 12 章　处理程序错误

为了使编写的 Python 程序具有更好的适应性，在编写代码时应预先考虑到程序可能出现的错误，并提前编写错误处理程序，以便在出现错误时显示易于理解且具有指导意义的提示信息，且不会终止程序的运行。本章将介绍在 Python 中处理程序错误的方法。

12.1　了解 Python 中的异常

如果在运行 Python 程序期间出现错误，会立刻终止程序的运行，并显示与错误相关的信息。下面的代码由于使用未预先赋值的变量而导致程序出错。

```
>>> print(x)
Traceback (most recent call last):
  File "<pyshell#1>", line 1, in <module>
    print(x)
NameError: name 'x' is not defined
```

运行 Python 程序期间出现的错误称为异常。异常信息包含两个部分，第一部分显示触发异常的文件名、代码行的行号和相关代码。如果是在交互模式中输入代码后导致的异常，则使用 pyshell 代替文件名，代码如下：

```
Traceback (most recent call last):
  File "<pyshell#1>", line 1, in <module>
    print(x)
```

第二部分显示异常类型的名称和原因，本例中的 NameError 是异常类型的名称，冒号右侧的内容是该异常的原因，此处是"名称 x 未被定义"。

```
NameError: name 'x' is not defined
```

表 12-1 列出了常见的异常类型的名称和触发原因。

表 12-1　常见的异常类型

异常类型的名称	触 发 原 因
AttributeError	当属性引用或赋值失败时触发

续表

异常类型的名称	触 发 原 因
ModuleNotFoundError	导入一个不存在的模块时触发
IndexError	对序列对象使用无效的索引号进行索引或切片时触发
KeyError	使用字典中不存在的键时触发
KeyboardInterrupt	按 Ctrl+C 组合键时触发
NameError	使用变量前未赋值或违反 Python 作用域规则时触发
SyntaxError	出现语法错误时触发
TypeError	处理不正确的对象类型时触发
ValueError	处理超出范围的值时触发
ZeroDivisionError	除数为 0 时触发

提示：Python 的各种异常都是对象，所有异常都是由特定的父类继承而来的。

12.2　使用 try 语句捕获和处理异常

在 Python 中使用 try 语句捕获和处理异常。try 语句是一个复合语句，在其内部还可以包含 except、finall 和 else 等子句，用于实现不同的错误处理需求。

12.2.1　捕获和处理异常的基本结构

下面是使用 try 语句捕获和处理异常的基本结构，使用 try 语句捕获可能触发异常的代码，然后使用 except 子句提供触发异常后需要执行的代码。

```
try:
    可能导致错误的代码
except:
    出现错误时需要执行的代码
```

12.2.2　捕获所有异常

12.2.1 小节中介绍的 try 语句的基本结构可以捕获所有异常，系统退出的操作也能被捕获。下面的代码使用 try 语句解决了直接输出未赋值变量导致的错误，当出现该错误时，将执行 except 子句中的代码，输出一条预先定制的信息。

```
try:
    print(x)
except:
    print(' 无法输出，因为还没有为变量 x 赋值 ')
```

运行结果如下：

无法输出，因为还没有为变量 x 赋值

12.2.3 捕获除了系统退出之外的所有异常

使用 12.2.2 小节的方法，可以捕获所有异常，包括系统退出的异常。下面的代码在使用 sys 模块的 exit 函数退出程序时会显示一条信息。

```
import sys
try:
    sys.exit()
except:
    print(' 已退出本程序 ')
```

运行结果如下：

已退出本程序

如果只想捕获系统退出之外的其他异常，则可以在 except 子句中添加 Exception 关键字，结构如下：

```
try:
    可能导致错误的代码
except Exception:
    出现错误时需要执行的代码
```

将上面示例中的修改为以下形式，然后运行该代码，不会显示"已退出本程序"，因为无法捕获 sys 模块的 exit 函数所执行的操作。

```
import sys
try:
    sys.exit()
except Exception:
    print(' 已退出本程序 ')
```

12.2.4 捕获特定类型的异常

前面介绍的捕获和处理异常的方法虽然简单有效，但是缺乏针对性，只要 try 语句中的代码出错就会被捕获到，而不会考虑导致错误的原因是什么。下面的两个示例将触发两个不同类型的异常。第一个示例是由于除数为 0 而触发的 ZeroDivisionError 异常，第二个示例是由于其中一个数字是字符串类型而触发的 TypeError 异常。

第一个示例：

```
x = 3
y = 0
print(x / y)
```

运行结果如下：

```
Traceback (most recent call last):
  File "E:\测试数据\Python\test.py", line 3, in <module>
    print(x / y)
ZeroDivisionError: division by zero
```

第二个示例：

```
x = 3
y = '5'
print(x / y)
```

运行结果如下：

```
Traceback (most recent call last):
  File "E:\测试数据\Python\test.py", line 5, in <module>
    print(x / y)
TypeError: unsupported operand type(s) for /: 'int' and 'str'
```

利用前面介绍的方法，分别为两个示例编写错误处理程序。

第一个示例：

```
x = 3
y = 0
try:
    print(x / y)
except:
    print('除数不能为 0')
```

第二个示例：

```
x = 3
y = '5'
try:
    print(x / y)
except:
    print('数字不能是字符串类型')
```

分别运行修改后的两段代码，都能捕获异常并显示对应的提示信息。

现在将两个示例中的代码整合到一起，让用户自由选择作为除数的数字。如果仍然使用前面介绍的方法，在捕获到错误时显示一条信息，那么结果就是，无论触发哪种异常，都会显示相同的信息。然而，实际情况是，当选择字符串格式的数字 5 时，应该显示"数字不能是字符串类型"，而不是"除数不能为 0"，代码如下：

```python
numbers = [None, 0, '5']
x = 3
y = numbers[int(input('选择第几个数字：'))]
try:
    print(x / y)
except:
    print('除数不能为 0')
```

运行结果如下：

```
选择第几个数字：1
除数不能为 0
选择第几个数字：2
除数不能为 0
```

解决这个问题的方法是，在 try 语句中添加两个 except 子句，并为每个 except 子句添加异常类型的名称，如表 12-1 所示，并将原来位于 except 子句右侧的冒号移动到异常类型名称的右侧，这样就可以精确捕获特定的异常并进行针对性地处理。修改后的代码如下：

```python
numbers = [None, 0, '5']
x = 3
y = numbers[int(input('选择第几个数字：'))]
try:
    print(x / y)
except ZeroDivisionError:
    print('除数不能为 0')
except TypeError:
    print('数字不能是字符串类型')
```

运行结果如下：

```
选择第几个数字：1
除数不能为 0
选择第几个数字：2
数字不能是字符串类型
```

如需使用一个 except 子句处理多个异常类型，可以将这些异常类型以元组的形式放在 except 子句的右侧。下面的代码仍然处理前面示例中的两个异常，只不过此处使用一个 except 子句处理它们，无论触发哪个异常，都显示"数字有误，无法计算"信息。

```
numbers = [None, 0, '5']
x = 3
y = numbers[int(input('选择第几个数字：'))]
try:
    print(x / y)
except (ZeroDivisionError, TypeError):
    print('数字有误，无法计算')
```

运行结果如下：

```
选择第几个数字：1
数字有误，无法计算
选择第几个数字：2
数字有误，无法计算
```

12.2.5　未触发异常时执行指定的代码

很多时候需要使用 try 语句检测一个值是否有问题，如果有问题，则捕获错误并进行处理；如果没问题，则执行所需的操作。在 try 语句中使用 else 子句可以实现这种功能。当 try 语句尝试捕获异常的代码没有出现错误时，将执行 else 子句中的代码。

下面的代码使用 input 函数接收用户的输入，并使用 int 函数将用户输入的字符串格式的数字转换为真正的数字。使用 try 语句检测该操作，如果用户输入的不是数字，则显示"输入的不是数字，无法计算"，否则，执行 else 子句中的输出操作，计算并显示该数字的倒数。

```
try:
    n = int(input('输入一个数字：'))
except:
    print('输入的不是数字，无法计算')
else:
    print(1 / n)
```

运行结果如下：

```
输入一个数字：2
0.5
输入一个数字：5
0.2
输入一个数字：你好
输入的不是数字，无法计算
```

12.2.6　无论是否触发异常都执行指定的代码

如果在 try 语句使用 finally 子句，则无论是否触发异常，都会执行 finally 子句中的代码。下面的代码使用 open 函数打开一个文件，并使用 try 语句捕捉该操作是否会触发异常。如果触发异常，则执行 except 子句中的代码，将显示无法找到文件的信息，然后跳过 else 子句并执行 finally 子句中的代码，即显示"感谢使用本程序"信息。

如果没有触发异常，则跳过 except 子句并执行 else 子句中的代码，读取并显示文件中的所有内容，然后关闭该文件并显示"程序已处理完成"信息，最后也会执行 finally 子句中的代码，即显示"感谢使用本程序"信息。

```python
filename = 'test.txt'
try:
    file = open(filename)
except:
    print('无法找到 ' + filename +' 文件 ')
else:
    print(file.read().rstrip())
    file.close()
    print('程序已处理完成 ')
finally:
    print('感谢使用本程序 ')
```

如果程序没有触发异常，则代码的运行结果如下：

```
这是第一行
这是第二行
这是最后一行
程序已处理完成
感谢使用本程序
```

如果程序触发异常，则代码的运行结果如下：

```
无法找到 test.txt 文件
感谢使用本程序
```

如果在 try 语句中只使用了 finally 子句而没有使用 except 子句，则在触发异常后，会先执行 finally 子句中的代码，但是由于并未处理异常，所以，执行 finally 子句后，会再次触发该异常。

```python
filename = 'test.txt'
try:
    file = open(filename)
finally:
    print('感谢使用本程序 ')
```

运行结果如下：

```
感谢使用本程序
Traceback (most recent call last):
```

```
    File "E:\ 测试数据 \Python\test.py", line 3, in <module>
      file = open(filename)
  FileNotFoundError: [Errno 2] No such file or directory: 'test.txt'
```

12.3　使用 raise 语句主动触发异常

除了在运行程序期间由 Python 自动检测并触发异常，用户也可以使用 raise 语句在任何时候主动触发异常，并使用 Exception 函数自定义异常的信息。下面的代码使用 raise 语句主动触发一个异常，将要显示的异常信息作为参数传递给 Exception 函数。

```
raise Exception(' 找不到文件 ')
```

运行结果如下：

```
Traceback (most recent call last):
  File "E:\ 测试数据 \Python\test.py", line 8, in <module>
    raise Exception(' 找不到文件 ')
Exception: 找不到文件
```

如果执行下面的代码，则只会显示 open 函数在找不到文件时触发的异常，而不会显示由 raise 语句触发的异常。

```
file = open('test.txt')
raise Exception(' 找不到文件 ')
```

运行结果如下：

```
Traceback (most recent call last):
  File "E:\ 测试数据 \Python\test.py", line 7, in <module>
    file = open('test.txt')
FileNotFoundError: [Errno 2] No such file or directory: 'test.txt'
```

如需使用由 raise 语句触发的异常代替 open 函数自动触发的异常，可以使用下面的代码。当 open 函数触发异常时，使用 try 捕获到并转到 except 子句进行处理。由于 except 子句中使用的是 pass 语句，所以，不会执行任何操作。接下来执行 raise 语句并触发由用户自定义信息的异常。

```
try:
    file = open('test.txt')
except:
    pass
raise Exception(' 找不到文件 ')
```

附录 A　Python 常用术语

argument（参数）

调用函数或方法时，传递给函数或方法的值。

attribute（属性）

关联到一个对象的值，通常使用点号表达式按名称来引用。

callable（可调用对象）

可以执行调用运算的对象，并可能附带一组参数。

callback（回调）

一个作为参数被输入的用于在未来的某个时刻被调用的子例程函数。

dictionary（字典）

一个关联数组，其中的任意键都映射到相应的值。

dictionary comprehension（字典推导式）

处理一个可迭代对象中的所有或部分元素，并返回结果字典的一种紧凑写法。

docstring（文档字符串）

作为类、函数或模块之内的第一个表达式出现的字符串字面值，运行代码时会将其忽略，但是会被编译器识别并放入所在类、函数或模块的 __doc__ 属性中。

expression（表达式）

可以求出某个值的语法单元。表达式就是诸如字面值、名称、属性访问、运算符或函数调用的汇总，它们最终会返回一个值。

f-string（f- 字符串）

带有 'f' 或 'F' 前缀的字符串字面值。

file object（文件对象）

对外公开面向文件的 API，以便使用下层资源的对象。

function（函数）

可以向调用者返回某个值的一组语句，还可以向其输入零个或多个参数，并在定义函数的代码中使用。

garbage collection（垃圾回收）

释放不再被使用的内存空间的过程。

generator（生成器）

返回一个 generator 函数，其中包含 yield 表达式，以便产生一系列值供给 for 循环或 next 函数使用。

immutable（不可变对象）

具有固定值的对象。

importing（导入）

让一个模块中的 Python 代码可以被另一个模块中的 Python 代码所使用的过程。

iterable（可迭代对象）

一种能够逐个返回其成员项的对象。

iterator（迭代器）

用来表示一连串数据流的对象。

keyword argument（关键字参数）

在函数调用中前面带有标识符或作为包含在前面带有 ** 的字典里的值输入。

lambda

由一个单独表达式构成的匿名函数，表达式会在调用时被求值。

list（列表）

一种 Python 内置的序列对象。

list comprehension（列表推导式）

处理一个序列中的所有或部分元素并返回结果列表的一种紧凑写法。

mapping（映射）

一种支持任意键查找并实现了 collections.abc.Mapping 或 collections.abc.MutableMapping 抽象基类所规定方法的容器对象。

method（方法）

在类中定义的函数。

module（模块）

组织 Python 代码的单元。

`mutable`（可变对象）

可以改变值的对象。

`namespace`（命名空间）

存放变量的场所。

`nested scope`（嵌套作用域）

在一个定义范围内引用变量的能力。

`object`（对象）

任何具有状态（属性或值）及预定义行为（方法）的数据。

`parameter`（形参）

函数或方法定义中的命名实体。

`positional argument`（位置参数）

不属于关键字参数的参数。

`set comprehension`（集合推导式）

处理一个可迭代对象中的所有或部分元素并返回结果集合的一种紧凑写法。

`slice`（切片）

包含序列对象中的一部分或全部数据的对象。

`statement`（语句）

一段代码的组成单位。

`text file`（文本文件）

能够读写 str 对象的文件对象。

`type`（类型）

类型决定一个 Python 对象属于什么种类，每个对象都具有一种类型。

附录 B　Python 常用函数

下面列出的函数都是 Python 内置函数，不包括 Python 标准库的函数。

ascii

返回一个包含对象的可输出表示形式的字符串。

```
ascii(object)
```

bin

将一个整数转换为带 0b 前缀的二进制数字符串。

```
bin(x)
```

bool

返回布尔值 True 或 False。

```
bool(object=False, /)
```

chr

返回 Unicode 码位为整数 i 的字符的字符串格式。

```
chr(i)
```

dir

如果没有实参，则返回当前本地作用域中的名称列表。如果有实参，则返回对象的有效属性列表。

```
dir()
dir(object)
```

dict

创建一个新的字典。

```
dict(**kwarg)
dict(mapping, **kwarg)
dict(iterable, **kwarg)
```

divmod

以两个（非复数）数字为参数，在作整数除法时，返回商和余数。

```
divmod(a, b)
```

enumerate

返回一个枚举对象，iterable 必须是一个序列、iterator 或其他支持迭代的对象。

```
enumerate(iterable, start=0)
```

float

将一个数字转换为浮点数。

```
float(number=0.0, /)
```

format

将 value 转换为"格式化后"的形式，格式由 format_spec 进行控制。

```
format(value, format_spec='')
```

help

启动内置的帮助系统（此函数主要在交互式中使用）。如果没有实参，解释器控制台里会启动交互式帮助系统。如果实参是一个字符串，则在模块、函数、类、方法、关键字或文档主题中搜索该字符串，并在控制台上输出帮助信息。如果实参是其他任意对象，则会生成该对象的帮助页。

```
help()
```

hex

将整数转换为带 0x 前缀的小写十六进制数字符串。

```
hex(x)
```

input

如果存在 prompt 实参，则将其写入标准输出，末尾不带换行符。接下来，该函数从输入中读取一行，将其转换为字符串（除了末尾的换行符）并返回。

```
input()
```

int

将一个字符串类型的数字转换为整数类型的数字。

```
int(number=0, /)
```

isinstance

如果 object 参数是 classinfo 参数的实例或其（直接、间接或虚拟）子类的实例，则返回 True。如果 object 不是给定类型的对象，则该函数总是返回 False。

```
isinstance(object, classinfo)
```

len

返回对象的长度（元素个数）。

```
len(s)
```

list
创建一个新的列表。

```
list(iterable)
```

max
返回可迭代对象中最大的元素，或者返回两个及以上实参中最大的元素。

```
max(iterable, *, key=None)
max(iterable, *, default, key=None)
max(arg1, arg2, *args, key=None)
```

min
返回可迭代对象中最小的元素，或者返回两个及以上实参中最小的元素。

```
min(iterable, *, key=None)
min(iterable, *, default, key=None)
min(arg1, arg2, *args, key=None)
```

oct
将整数转换为带 0o 前缀的八进制数字符串。

```
oct(x)
```

open
打开 file 并返回对应的 file object。

```
open(file, mode='r', buffering=-1, encoding=None, errors=None, newline=None,
closefd=True, opener=None)
```

ord
对表示单个 Unicode 字符的字符串，返回代表它 Unicode 码点的整数。

```
ord(c)
```

print
将 objects 输出至 file 指定的文本流，以 sep 分隔并在末尾加上 end。sep、end、file 和 flush 必须以关键字参数的形式给出。

```
print(*objects, sep=' ', end='\n', file=None, flush=False)
```

range
用于生成指定范围内的连续整数的迭代器。

```
range(stop)
range(start, stop, step=1)
```

repr

返回包含一个对象的可输出表示形式的字符串。

```
repr(object)
```

reversed

将序列对象中的所有元素反向排列。

```
reversed(seq)
```

round

返回 number 舍入到小数点后 ndigits 位精度的值。

```
round(number, ndigits=None)
```

set

创建一个新的集合。

```
set(iterable)
```

slice

返回一个表示由 range(start, stop, step) 指定的索引集的 slice 对象。

```
slice(stop)
slice(start, stop, step=None)
```

sorted

根据 iterable 中的项返回一个新的已排序列表。

```
sorted(iterable, /, *, key=None, reverse=False)
```

str

返回一个字符串类型的对象。

```
str(object='')
```

sum

从 start 开始自左向右对 iterable 中的项求和并返回总计值。

```
sum(iterable, /, start=0)
```

super

返回一个代理对象，它会将方法调用委托给 type 的父类或兄弟类，以便于访问已在类中被重写的继承方法。

```
super(type, object_or_type=None)
```

tuple

创建一个新的元组。

```
tuple(iterable)
```

type
检测对象的类型。

```
type(object)
```

zip
在多个迭代器上并行迭代，从每个迭代器返回一个数据项组成元组。

```
zip(*iterables, strict=False)
```

附录 C　Python 常用语句

break

功能：条件成立时，提前退出循环。

class

功能：创建新的类。

格式：

```
class 类名 (父类)：
    实现类功能的代码
```

continue

功能：条件成立时，跳转到循环的开头，检测条件是否成立并执行下一次循环。

def

功能：创建新的函数。

格式：

```
def 函数名 (形参列表)：
    实现函数功能的代码
```

del

功能：删除变量与其引用的值之间的绑定关系。

格式：

```
del 对象
```

for

功能：对序列对象或其他可迭代对象中的元素进行迭代。

格式：

```
for 临时变量 in 序列对象或其他可迭代对象：
    所需执行的代码
```

global

功能：在局部作用域中修改全局变量的值。

if

功能：根据条件的检测结果，执行相匹配的一组代码。

格式：

```
if 条件 :
    条件成立时执行的代码
elseif 条件 :
    条件成立时执行的代码
else:
    所有条件都不成立时执行的代码
```

import

功能：导入模块或模块中特定的函数和类。

格式：

```
import 模块名
import 模块名 as 模块的别名
from 模块名 import 模块中的函数或类
from 模块名 import 模块中的函数或类 as 函数或类的别名
from 模块名 import *
```

match

功能：检测所有可能的值，并在满足其中一个值时执行相应的代码。

格式：

```
match 表达式 :
    case 值1:
        匹配时执行的代码
    case 值2:
        匹配时执行的代码
    case 值n
        匹配时执行的代码
    case _:
        没有匹配值时执行的代码
```

nonlocal

功能：在嵌套函数中，让内层函数可以修改外层函数中的变量的值。

pass

功能：不执行任何操作，作为满足语法规则时的占位符。

return

功能：创建新的函数时，为函数提供返回值。

格式：

```
return 表达式
```

try

功能：为一组语句指定异常处理器和清理代码。

格式:

```
try:
    可能触发异常的代码
except:
    捕获到异常时所需执行的代码
else:
    未触发异常时所需执行的代码
```